昆虫记 1
无处不在的昆虫邻居

[法] 法布尔 著

少年儿童出版社

图书在版编目（CIP）数据

无处不在的昆虫邻居 /（法）法布尔著；朱幼文改写；兔子洞
插画工作室毛毛虫绘. 一上海：少年儿童出版社，2019.5
（昆虫记 1）
ISBN 978-7-5589-0281-9

Ⅰ.①无… Ⅱ.①法…②朱…③兔… Ⅲ.①昆虫—少儿读物
Ⅳ.①Q96-49

中国版本图书馆CIP数据核字（2017）第312119号

昆虫记 1
无处不在的昆虫邻居

［法］法布尔　著　朱幼文　改写　兔子洞插画工作室毛毛虫　绘

全书由兔子洞插画工作室和风格八号品牌设计有限公司设计
插画整理　吴新霞　吴小奕　许千珺　贺幼曦
装帧设计　花景勇　王骏茵　吴颖辉　吴　帆
排版设计　李文婷　许晓海　颜学敏　颜佳敏

责任编辑　周　婷　知识审读　金杏宝
责任校对　黄亚承　技术编辑　许　辉

出版发行　少年儿童出版社
地址　200052　上海延安西路1538号
易文网 www.ewen.co　少儿网 www.jcph.com
电子邮件 postmaster@jcph.com

印刷　上海锦佳印刷有限公司
开本　787×1092　1/16　印张　9　字数　88千字
2019年5月第1版第1次印刷
ISBN 978-7-5589-0281-9/I·4237
定价　35.00元

身边的野趣，生命的奇迹

昆虫，不起眼的六足动物，大人孩子或不甚了解，却也并不陌生。

为植物传花授粉的蜜蜂，吐丝结茧的蚕蛾，多姿多彩的蝴蝶，给我们留下了甜蜜温暖的美好形象。带刺的毛虫，乱舞的苍蝇，是人们设法躲避的讨厌家伙。贪婪的飞蝗，传病的蚊子，则是人们竭力想要消灭的可恶对象。然而，不少人对昆虫的记忆多半是讨厌与害怕的，对昆虫往往采取藐视、忽视的态度。

事实是，即便将世界上所有可恶的害虫加在一起，也不会超过一万种，这对于种数超过百万、甚至千万的昆虫来说，只是不到1%的一小部分而已，而99%的昆虫对人类不仅无害，而且有益。它们或许不讨所有人的喜欢，却是适者生存的成功典范。虽然貌不惊人，却因虫多势众，在维持我们赖以生存的生态系统的运转中发挥了不可替代的作用。它们是不容忽视的生命。

昆虫种类多，数量大，食性杂——荤素生熟、酸甜苦辣，几乎没有昆虫不吃的东西。除了大海，它们可以存活在任何极端恶劣的环境之中，可谓是无处不在。昆虫世代短，繁殖快，体态多变，可以抵御各种不利的气候，白昼黑夜，春夏秋冬，昆虫几乎无时不在。昆虫如此弱小，要在

环境险恶、强敌林立的自然中生存实属不易，因此，能生存至今的昆虫，都有一套独特的生存策略与技能，在获取食物、筑巢卫家、资源利用、繁衍后代、防御天敌等方面，都展现出了令人叫绝的才能。无论是遗传的本能，还是后天获得的技能，都是可歌可泣的生命奇迹，是值得我们去探索、去了解的自然遗产，也是可供我们欣赏的自然野趣。

在物质生活日渐丰富、自然环境日渐恶化的今天，人们最为关注的莫过于如何为我们下一代的健康成长提供良好的生存环境。孩子的想象力和创造力得到合理的开发，社会的可持续发展才得以保障。无论生活在城市还是乡村的孩子，他们对工业产品的依赖，对电子产品的热衷，对自然的冷漠，对生命的不敬，已经产生了许多负面影响，如何有效治愈"自然缺失症"已成了当代教育面临的重要课题。这不仅是学校和博物馆等场所的责任，更是家长和每个家庭的义务。通过寻觅和发现城市中残存或复苏的自然，利用和享受身边的野趣，可以弥补现代孩子，乃至年轻家长与自然脱节的遗憾。

法国昆虫学家法布尔耗尽毕生精力撰写的十卷本《昆虫记》正是引领我们走进自然、欣赏野性之美的昆虫史诗。不胜枚举的昆虫生存之道与技能，经过作者独特的哲学思考与诗意表达，将科学观察与人生感悟融为一体，使渺小的昆虫散发出生命的智慧与人性的光芒。

经少年儿童出版社精选、改编的四卷本《昆虫记》，是为小学生加入了"自然"这道久违的配料，赋予城市中的孩子和家长全新的"心灵味觉"体验，成为他们不可或缺的"特别营养餐"。选本基本保持了原著特有的写作风格，生动活泼，又不失情趣与诗意。同时，考虑到特定的读者群体，编者按一定的主题，对所选篇章作了大致的归类。从中，你将发现人类的一些废弃地，却是野趣横生的蜂类家族的伊甸园，大自然的清洁工——食粪虫，只是妙不可言的甲虫王国的一小部分，你将发现在我们的周围，昆虫邻居无处不在，膜翅类昆虫出奇的高智商实在令人惊叹，你还将了解到昆虫的近亲蜘蛛、蝎子类的生存技能与特有习性……

　　值得点赞的是，编者独具匠心，按四季的顺序，在每卷的"我们身边的昆虫世界"栏目中，列举了中国城乡常见的昆虫，为家长和孩子们提供了具有可操作性的观察与欣赏案例。

　　愿春天里会飞的"花朵"，为我们的日子增添色彩，愿夏日里的"萤火"驱散城市的雾霾，愿秋天的旋律给孩子们带来自然的滋养，愿再寒冷的冬天里也能发现蛰伏的生命，也能获取向上的力量。

昆虫学者：金杏宝

目 录

童年的水塘

在我的童年记忆中，有一片小小的水塘，曾经带给我许多欢乐。直到晚年，我依然对水塘的一切记忆犹新——那里真是一片热闹的天地：出生不久的小癞蛤蟆数量众多，它们毫无顾忌地在

水塘边玩耍；石蛾的小船队停在灯心草丛中；黄足鼓甲像亮闪闪的珍珠，在水面上跳跃着；仰泳蝽在仰泳，双桨展开成十字形；身体扁平的蝎蝽的体形像蝎子；蜻蜓的稚虫身上沾满污泥，看起来脏兮兮的。

水塘里有很多软体动物，它们都是和平爱好者，互不打扰。田螺在水底小心地打开自己的壳盖，悠闲自在；瓶螺、椎实螺和扁卷螺在水上花园的林中空地里平静地呼吸；那些红色的小虫是蚊子幼虫，密密麻麻的，弯曲着身子，不停地旋转。

在阳光的照射下，看起来毫不起眼的水塘，变成了神奇缤纷的大千世界，让喜欢研究昆虫的人，在这里找到数不尽的研究对象，也让 7 岁的我，插上了想象的翅膀。

回头来看看我的家乡吧。这里气候炎热，土地贫瘠，村民们把马铃薯作为冬天的主食。条件好的人家，会养几只绵羊或者一头猪、一群牛，种植一些蔬菜，养一些蜜蜂，安心过日子。

可是，我家除了一座小房子和一个小花园外，什么都没有。

父母的首要任务是解决生活问题。每天晚上，他们相对而坐，总在为各种生计发愁。小小的我帮不上什么忙，只能听着大人说话，假装睡觉。

母亲建议养几只鸭子，因为鸭子长大后很好卖。父亲表示同意，既然没有别的办法，只能先这么做了。听了父母的话，我高兴极了，当天晚上就做起了养鸭的美梦——我和小黄鸭们在一起，白天带着它们到水塘边，让它们在水塘里洗澡、觅食，晚上赶它们回家，把累了的小黄鸭们放在篮子里……

两个月后，我养鸭的梦想真的实现

了。两只老母鸡孵出了 24 只小黄鸭。一开始小黄鸭们由一只老母鸡代养，但很快家里的木桶就不够小黄鸭们嬉戏了，它们急需补充有营养的虫虫草草。于是，我决定赶着这群小黄鸭，沿着一条羊肠小道，到水塘边去。

对小黄鸭们来说，这片水塘真是个再好不过的地方了。塘水浅浅的，很温暖，中间还有一块绿色的小岛。小黄鸭们嘎嘎叫着，跳进水里嬉戏。它们到处寻找食物，筛滤食物后吐出泡泡，留住美味。它们看起来开心极了。

那么，就让小黄鸭们在这里玩吧，我要去寻找自己的乐趣了。我发现在水塘的污泥上，有一些黑色的细带子，乍一看就像是袜子上抽出来的线。我拿起一截放在手心里，感觉它软软的，摸起来有些黏。我捏破几个结节，从里面露出一个黑色的颗粒，后面拖着一条小尾巴。哦，原来是我熟悉的东西——蝌蚪。我可不太喜欢这些癞蛤蟆的孩子，于是丢下它们，去找别的东西。

我要去瞧瞧水底有什么。哦，有美丽的贝壳！它们长着密密的螺圈，有点像扁豆的形状；还有各种小虫，有的好像戴着头饰，有的似乎长着鳍……我不知道它们的名字，但是看着它们，那种未知的神秘感吸引了我。

水塘边长着一些树，我在树上发现了绝妙的好东西：一只金龟子。金龟子体形不大，颜色蓝得无法形容。我把一只蜗牛壳擦干净，然后让金龟子在里面安了家。

水塘边的乐趣太多了，一会儿我又有了新玩法——修筑一个小水坝。我选择大小适中的石块，遇到太大的就砸碎它。砸着砸着，我开始收集砾石，把修建水坝的事抛到了脑后。我发现有块石头里有闪闪发光的东西，会不会是某一种珍宝呢？从岩石缝里淌出的流水落在沙床上，在沙里冲积成小漩涡，我捧起一撮沙，发现里面有大量金子般闪亮的小颗粒。我又砸碎一些石头，这一次，石头里露出一个呈螺旋形的东西，看起来就像扁平的蜗牛一样，多节瘤的边缘像公羊的角。真奇怪，石头里怎么会有这个东西呢？

当夜幕低垂，天色渐黑时，小黄鸭们吃饱喝足，我要带它们回家了。这时，我的口袋里装满了大大小小的石头，这些全是我的宝贝。可是由于石头太沉，把口袋磨破了。父亲看到破口袋，生气地对我说：

"你这个坏小子，我让你去放鸭，你倒好，去捡石头玩。家里附近到处是石头，你还去捡它们干什么？快点把它们扔得远远的！"

我伤心地服从了父亲

的命令。

母亲在一旁难过地说："养孩子不容易，看他们变得没出息就更难过了。你为什么要去捡石头呢？去弄点草还能喂兔子，而石头只会磨破衣服。至于虫子，更是毫无用处，说不定还会咬你，弄痛你。我可怜的孩子，真拿你没办法，难道有人对你施了什么魔法，让你对这些石头啊虫子啊这么痴迷？"

亲爱的母亲啊，也许您说得没错，我就是被施了魔法。不过我今天终于知道这魔法是什么了！当很多人只顾埋头干活、挣钱糊口的时候，我却在观察中积累了知识。后来的日子里，我知道了许多水塘里的秘密——石头里闪闪发光的是岩石水晶，金子般闪亮的是云母，羊角状的是菊石，蓝色的金龟子是单爪丽金龟……

在所有的生命中，只有人才会有求知欲，也只有人才会去探寻事物的奥秘。当我们的脑子里涌出一个又一个未知的问题，我们力图去解答时，都要经历一种崇高的痛苦。在很多人眼中，金钱非常重要，但千万不要把它当作唯一的目标，那样会让我们最美好的天赋从此被埋没。

在我的记忆中，没有一个水塘能够比得上童年的第一个水塘，这个水塘带给我那么多欢乐、惊喜，让我的童年岁月，充满了最美妙的幻想。

为无辜的蝉正名

在许多传说和寓言中，都会出现昆虫的名字。有些昆虫被赋予了美名，有的却背上了不光彩的坏名声。有谁去证实过那些故事里的说法到底是否属实呢？

今天就来说说蝉吧，它的名字无人不知，在昆虫界算得上鼎鼎大名。当孩子们还在牙牙学语时，就唱过一首描写蝉的儿歌，说的是蝉每天只顾唱歌，毫无远见；当寒冬来临，蝉只好可怜巴巴地到蚂蚁家去讨吃的，结果蚂蚁毫不客气地对这个乞讨者说：你之前总是唱歌，说自己很开心，那么现在你继续去唱啊，跳啊！唉，就是因为这首家喻户晓的儿歌，蝉那贪玩的形象从此刻在了每个孩子的心头，即便它有高超的歌唱技巧，也没人理睬了。我还看到有寓言说蝉曾向人类讨麦粒吃。要知道，蝉那纤细的吸管根本没法吞下这种粗硬的东西……真是无法阻止的以讹传讹啊！

到底是哪位先生给蝉制造了这样的坏名声呢？就是那位著名的寓言作家拉·封丹。他在寓言中写到的其他动物比如狐狸、狼、猫等都很传神，因为这些动物都是他生活中的常客，所以他观察、了解得很清楚。但是对蝉这个"外乡客"，拉·封丹从没见过，更没听过它唱歌，以至于他一直把蝉和蝈蝈搅和在一起。连给拉·封丹寓言配画的格兰维尔，在画那只向蚂蚁乞讨的蝉时，也画得太像蝈蝈了。这两个连蝉长什么模样都搞不清的人，却把关于蝉的错误说法传播得那么远。

拉·封丹在寓言中所写的关于蝉的故事并不是首创，他是从希腊的伊索那儿听来的。可是生活在蝉的故乡希腊的伊索，难道同样没见过这些小家伙？就算当地最没见识的农民，也知道冬天根本没有蝉在外面活动。冬天给橄榄树培土时，他们常常从土里挖出还没发育好的蝉的若虫。

其实，这个关于蝉的故事最早来自印度，但在印度的版本中，主角并不是蝉，而是另外一种当地的昆虫，但是传到希腊后，因为希腊人不知道印度人说的到底

是什么昆虫，便用身边随处可见的蝉代替了原来那位主角。从此以后，关于蝉的错误说法就慢慢流传开来。

今天，我一定要给蝉这位长期被误解的歌唱家平反。虽然每到夏天，这些自说自话的小家伙便成群飞到我家门前的法国梧桐上，不停地大叫大嚷，弄得我耳朵受折磨不算，连脑子都被吵糊涂了。我真想对这些聒噪的虫子说，你们难道不知道，我正在努力地把你们的真实故事写出来，好为你们正名吗？

现在，我就来说说蚂蚁和蝉之间真正的关系吧。蝉根本没有向蚂蚁借过粮食，生性贪婪的蚂蚁，从来都是把粮食藏得好好的，才不会跟别人分享呢。蚂蚁倒是常常跑到蝉的跟前，把蝉的吃喝占为己有，不信你看看我观察到的事实——

7月的午后，阳光火辣辣的，烤得花草树木都没精打采。昆虫们渴极了，不停地在花朵间打转，想弄点水喝。但是，树上的蝉从来不怕闹水荒，它的嘴巴像尖尖的钻头，只要刺进汁液饱满的树皮里，就有喝不完的琼浆。瞧，当它全神贯注地享受甘美的饮料时，一群口渴的家伙来了，有胡蜂、苍蝇、花金龟……数量最多的就数蚂蚁。它们发现蝉打了这么一口诱人的"水井"，立刻一拥而上，开始还有些不好意思地只舔旁边渗出来的汁液。慢慢地，为了喝得更痛快，蚂蚁们纷纷爬到了蝉的肚子底下。宽宏大量的蝉抬起脚，任它们自由活动，结果这些家伙变得更加贪心了，它们竟然想把"凿井人"赶走。蚂蚁开始啃咬蝉的脚，还拉扯蝉的翅膀，甚至爬到蝉的背上，抓住蝉扎进树木的吸管，想把吸管拔出来，以便自己对着井口喝。

蝉被这些讨厌的家伙弄得心烦意乱，但它无意反击，只是不满地撒了泡尿，悻悻地离开了。现在这口井属于蚂蚁们了，但是没有蝉的吸管往外汲水，水井很快就干枯了，这些家伙做了件损人不利己的事情。

除了抢水这件事，蚂蚁对蝉还做过更狠心的举动呢。大家都知道，蝉一旦变成成虫，生命只有五六周时间。当它们的生命终结后，就会从树上掉下来，这时外出寻找食物的蚂蚁一旦发现蝉，立刻毫不留情地把它们撕碎，一点点运回自家的粮仓里，甚至有时候蝉还在微弱地挣扎，蚂蚁就迫不及待了，真是些毫不念旧的残忍家伙。

看到这里，大家是不是对蝉有了新的认识？在古希腊罗马

时代，蝉是很受好评的，还有诗人为它写下热情的颂歌。今天，也有一位熟悉蝉的普罗旺斯诗人，用科学严谨的态度，描绘了蝉和蚂蚁间的关系，下面我们就看看其中的几小段吧：

这才是真实的故事，
与寓言说的完全不一样。
你们这些让人讨厌的家伙有何感想？
你们这些只想占便宜，

长着长钩、脑满肠肥的家伙，
竟然想来统治世界！

你们竟然到处散布流言，
说艺术家从没干过活，
闭上你们的嘴吧。
蝉费力地钻开树皮找到甘露，
而你们却抢夺它的水源；
即使它死了，
你们还要糟蹋它，
否则就会不甘心。

虽然这些诗句用的都是最普通的普罗旺斯俗语，但是读过
之后，谁也不会再说蝉的坏话了吧。

为谁歌唱

　　昆虫界的前辈大师雷沃米尔说过，他从来没听过蝉唱歌，也没见过活的蝉。他研究蝉时，都是让人把蝉做成标本送到他那里去的。

　　虽然只能对标本进行解剖，但大师的研究工作已经做得很好了。他对蝉的发声器官的结构做了详细的了解。后来者要想进一步研究蝉，多数只能在雷沃米尔研究成果的基础上，进行一些细节上的补充。不过，因为我和蝉每年夏天都比邻而居，所以具备得天独厚的观察条件，也许能够发现一些大师遗漏的东西呢！

　　在我生活的村庄附近，能够见到五种蝉，分别是南欧熊蝉、山蝉、红蝉、黑蝉和矮蝉。前两种比较常见，尤其是南欧熊蝉，它们的个头也最大，而后面三种就比较罕见了。

　　说到蝉，首先让人想到的是炎热的夏日午后，它们在大树上高声唱歌，吵得人晕头转向。既然蝉如此爱唱歌，那我们就来看看蝉是怎么发声的。拿南欧熊蝉来说，在雄蝉的后胸挨着后腿的地方，有两块宽大的盖片，右盖微微叠在左盖的上面，这就是发声器官的音盖。音盖下面，左右各有一个空腔，空腔前蒙着薄薄的膜。有人说蝉就是利用这几个部分协同发声的。其实不对，蝉发声的薄膜是藏在别的地方的，一般人肯定找不到。瞧，那是一块干的白色薄膜，椭圆形，有几根脉络支撑薄膜。这个薄膜在两侧肌肉条的拉动下，一会儿向下凹陷，一会儿向上弹起，就会发生颤动，于是清脆的声音就出来了。

过去，巴黎曾经流行过一种好笑的玩具，叫"噼啪"还是"唧唧"，我有点忘记了，就是把一块短短薄薄的钢片一端固定在金属底座上，按压钢片变形后，再松手让它弹回去，于是钢片就在震颤中发出了响声，说实话那响声并不怎么好听。这个"噼啪"的发声原理，和蝉的唱歌原理十分相似。

知道了蝉的发声秘密，那么就算是一只死蝉（不过只能是刚死的哟），我也能让它"唱歌"。只要用镊子夹住蝉的一根肌肉条，轻轻地拉动，薄膜就会震动发出声音来，只是声音没有蝉生前发出的大，因为歌唱家活着的时候，会利用共鸣器让声音变大。

相反，如果想让一只正在唱歌的蝉闭嘴，只要用针轻轻把薄膜扎破，它就再也发不出声音了。如果是不知情的人，一定对我这种制止蝉唱歌的方法感到非常惊奇。

在炎热的夏天，尤其是无风的中午，蝉的鸣叫格外响亮。如果你侧耳细听，会发现蝉的歌声是有一些间断和变化的。一

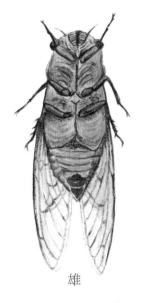
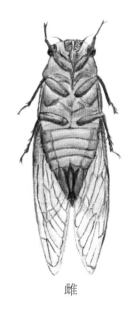

雄　　　　　　　　雌

般是连续几秒钟，然后短暂停止，再猛地响起……蝉就这样周而复始地唱啊唱，除非是阴雨天，否则蝉一天可以连续歌唱12个小时。

山蝉的个头比南欧熊蝉的小一半，声音也不一样，听起来有些沙哑，像这样——喀喀喀，喀喀喀！每年夏天，它们在我家门前的两棵法国梧桐树上天天演出。因为演员众多，听上去就像有人拿着一大袋干核桃不停地晃啊晃，非要把壳撞碎了才肯罢休。

说了这么多关于蝉的发声器官的问题，我们先暂停一下，看看蝉为什么要如此卖力地唱歌。有一个说法流传很广，就是雄蝉为了求偶，所以它们放声高歌，盼望能招来雌性爱慕者。对这个看似合理的答案，我有点怀疑。因为每年夏天，我都仔细地观察这些小家伙，发现它们喜欢成群结队地在树枝上休息，

总是雌雄混杂，几乎肩挨着肩。离雌蝉的距离这么近，雄蝉有必要亮出那么大的嗓门吗？而且是连续几个月无休无止地歌唱？再说我从没见过哪只雌蝉因为某只雄蝉的歌唱得特别响亮，就跑到它跟前去的，甚至连为此扭扭身体都没有过。

我身边的农民有另一个说法：夏天到了，蝉在这个收获的季节里，高唱的是"收割！收割"，那是在给干活的人们鼓劲呢！这个说法肯定没有科学道理，但我还是很高兴地接受了，就把它当作一种善意、美好的祝福吧。

我知道，蝉的视力很好，它有两只大大的复眼，能敏锐地看到左右两边的东西，还有三只单眼，能监测到上方的空间。所以我们一旦被

蝉看见，它就会立刻停止唱歌，保持警惕的模样。但是如果你在它五个视觉器官看不到的地方，即使大声说话，它都不会有反应，这是不是说明蝉的听力很差或者没有呢？

为了证明这一点，我做了很多实验，我就说说其中印象最深的一次吧。那次实验前，我从镇上借了一门礼炮，放在我家的梧桐树下，炮筒里塞的火药比迎接大人物演讲时塞的还多呢！这时候树上的蝉正在唱歌，我的礼炮开炮了，轰隆——声音震耳欲聋。为了防止把窗户玻璃震碎，开炮前我把门窗全都打开了。

但是，轰鸣的炮声丝毫没有干扰树上的蝉唱歌，它们还在继续。第二次开炮，情况照旧，蝉丝毫没有因为巨响产生不安。看到这里，我是不是有理由大胆地做出推论：蝉是听不到声音的，至少蝉的听觉很迟钝？

既然蝉几乎没有听力，那么雄蝉唱歌是为了吸引雌蝉的说法，显然很难站住脚。至于昆虫到底需不需要靠歌声来向异性表达爱慕这个问题，我考察了很多昆虫，发现不一定需要。一些雄性昆虫和雌性昆虫接近以后，反而变得沉默起来。唱歌，也许只是雄蝉表达快乐的方式，就像我们兴奋时会忍不住搓搓手，你说对吗？

蝉的出洞和羽化

大师雷沃米尔研究蝉的时候，因为当地没有蝉，所以只能从我的家乡获得标本，然后浸在烧酒里，用马车运到他那里。和雷沃米尔相比，我幸运多了，当 7 月来临时，蝉把我的荒石园占领了，屋子里我是主人，屋子外就是蝉的天下。不过正因为如此，我随时可以对这些"霸占"我家门前法国梧桐树的小家伙进行观察，将它们的生活看得清清楚楚。

夏至前后，如果你走在乡间的小路上，就会发现地面上有许多圆圆的小洞，越是土质干燥、坚硬的地方，小洞越多。圆洞有手指那么粗，它们是蝉的若虫的杰作，顺着这些洞，若虫爬出地面，准备开始树上的新生活。

荒石园里有条小路，路面非常热，于是便成了若虫喜欢的出洞地点。我拿镐把其中一个洞挖开，发现洞的四壁光滑，里面没有任何杂物，深度大约是 40 厘米。我看过很多若虫的洞，

它们大多是垂直的。根据地洞的长度和直径，若虫大约会挖出200立方厘米的泥土，对于小小的若虫来说，这已经非常多了。天牛的幼虫会挖木头，它们是边挖边吃，消化后把排泄物留在身后的通道里，但蝉的若虫绝对没有吃泥土的习惯，那么它们挖出来的土，怎么都不见踪影了呢？

我仔细观察若虫的地洞，有了一个奇怪的发现：洞壁居然经过了粉刷！虽然不是很精细，但是这让整个地洞显得十分宽敞通畅，若虫在里面行动自如。

蝉在地下要生活4年，这段漫长岁月里，它并不是定居的，而是四处为家。哪里有可口的植物根系，它就挖向哪里，如果天气冷了，它就往深处钻一点。但是当它准备要羽化时，就必须花费几个星期甚至几个月的时间，挖掘一个垂直地洞。

地洞既是蝉羽化前的居所，也是它观察天气的监测站。蝉羽化必须在晴朗的日子里，所以最初地洞没被打通到地面，而是留了大约一指厚的天花板。若虫不时从深处爬上来，隔着天花板感受外面的温度和湿度变化。如果刮风或下雨了，它就回到地下继续等待；如果对天气满意，它就捅破天花板，爬到洞外来。

好了，还是回到若虫如何处理泥土这个问题上来吧。经过一番仔细观察，我发现所有出洞的若虫身上都有泥浆的痕迹，有的是湿润的，有的已经干了。看那副模样，就好像它们刚在地下做了泥水匠的工作。这是怎么回事呢？地洞里挺干燥的，若虫从哪儿弄了这么一身泥浆？

我决定搞清楚这个问题。我把一只正在加工地洞的若虫从地下挖了出来。只见它体色很白，眼睛大大的，但是显得很浑浊，估计看不见东西。是啊，在黑暗的地下，视力没什么用处。这只若虫的肚子里看起来充满了液体，所以整个身体鼓胀，就像得了水肿病。我把它抓在手里时，它的尾部不停地渗出液体，弄得到处湿漉漉的。这些液体是从若虫的肠子里排出来的，到底是尿液还是消化后的残汁，暂时无法确定，不过这里为了表达方便，我先叫它尿液吧。

知道了若虫能产生尿液，地洞里的泥土去哪儿的谜底立刻就揭开啦——若虫把挖出的泥土用尿液浇湿变成泥浆，均匀地涂抹在了墙壁上，然后再按压一番，这样若虫就有了一条畅通的通道，与此同时，多余的泥土问题也一并完美解决。若虫这没见过世面的家伙，居然能想出如此一举两得的好方法！即使在出洞后，蝉还是带着尿袋，万一察觉到有谁不怀好意地靠近，它就生气地射出一泡尿，然后振翅飞走。

也许有人要问，蝉的若虫如何保证尿袋里始终存货充足呢？如果没有尿液，对于若虫来说意味着什么？对于第一个问题，不用我们担心，若虫早就想好了。它在挖地洞之初，就先

找到植物的须根，将嵌在洞壁里的须根，作为给自己源源不断供水的泉眼。当若虫挖洞时尿袋里的尿液用光了，它就到泉眼处痛饮一番，等身体重新变得鼓胀了，再回去继续工作。对于第二个问题，我做了一个实验。我捉了一只正在挖洞的若虫，把它放在一根试管里，上面覆盖了大约15厘米厚的土层。这个土层比它平时挖的40厘米的洞浅多了。而且这些土也比小路上的土质疏松得多，若虫应该能很容易地钻出来吧？

事实正好相反，一开始若虫是在努力挖洞，但它很快用完了尿液，却找不到地方补充水分，只能停工。就算它继续挖也没用，没有尿液作为黏合剂，地道动不动就会坍塌，导致前功尽弃。最后，这只若虫困死在了土里。可见，若虫身体里充满液体，是保证它顺利出洞的重要因素。

若虫钻出地面后，先找到一棵合适的植物，爬上去休息一会儿，接着就准备蜕皮羽化了。先是背上的中线裂开，露出浅绿色的身体，几乎同时，前胸也开始裂开了，然后是头部，红色的眼睛出来了……大约10分钟后，第一阶段的羽化完成。到了第二阶段，蝉的尾部要从"旧衣服"里脱出来，这要稍微多花一点时间。

羽化终于完成了！和原来的模样相比，现在的蝉真是脱胎换骨！翅膀虽然还有些湿，但非常透明，还带着漂亮的淡绿色脉络。

胸部是棕色的，其他地方保持着浅绿色或白色。几小时后，经过空气和阳光的沐浴，蝉的身体更强壮了，同时完成了身体的变色。

蝉带着无限的喜悦飞走了，留下的蝉蜕挂在枝头，乍一看，还以为是蝉仍然停在那儿呢！

蝉宝宝的出生和成长

　　大师雷沃米尔在研究蝉的产卵问题时，认为蝉产卵只选择桑树枝，其实情况并不是这样。大师犯了一点小错误，除了桑树枝，蝉也会选择其他枝条，不管是哪种植物，最好是干树枝，枝条要细细长长，垂直于地面，里面有丰富的木髓。

　　蝉产卵的过程就是一系列的穿刺，好比用大头针一下一下自上而下，斜斜地扎进枝条里。如果枝条光滑平整、长度适中，那么这些刺孔间的距离就差不多，而且几乎排列在一条直线上。如果枝条不平整，或者有好几只蝉都曾先后光临过，那么刺孔的分布就有些杂乱，很难分辨出哪些刺孔是同一只蝉制造的。

　　一只蝉产卵时刺孔的总数大约是三四十个，在不同的植物上，

刺孔绵延的长度不一样，在亚麻枝条上是28厘米，在粉苞苣属植物上是30厘米，而在阿福花枝条上，就只有12厘米。至于刺孔的间隔距离为什么各不相同，我们还不太清楚，大概是因为雌蝉的个性多变，产卵时总是随性而为，弄得我们摸不着头脑。

蝉在每个刺孔中产卵的数量也不一样，平均是10个。这样算下来，三四十个刺孔里有三四百个卵。这真是一个了不得的数字！蝉为什么要产这么多卵呢？原来蝉的卵在孵化过程中和它的若虫在成长阶段中，都会遇到太多外来危险，蝉必须以数量上的绝对优势，来保证自己家族一代代顺利延续下去。

蝉的产卵时间一般是 7 月中旬，我们来实地观察一下整个过程吧。瞧，我如愿以偿发现了一些正在阿福花枝条上产卵的蝉。每根枝条上只有一只蝉，它不担心有同类来抢地盘，因为蝉之间有一条默认的规则：一旦有同伴捷足先登某根枝条了，后来者看到就应该自觉离开。前面说的一根枝条上有数只蝉来产卵的情况，那是指两只蝉在不同的时间段来到了这里，彼此并没有相遇。

　　蝉产卵时头高高地昂起，十分专注，这时候即使你凑近观察，它也不会理睬你。蝉的产卵管长约 1 厘米，就像一个双面钻头，每次都斜斜地钻进枝条中。蝉在一个刺孔里完成产卵过程，大约要花 10 分钟。蝉就这样朝着枝条，一个刺孔一个刺孔地钻，直到产卵结束。整个过程要花费六七个小时，真是一项辛苦的工作啊！

　　当蝉沉浸在当妈妈的幸福中时，有一种小蜂科的黑色昆虫飞来了。它们只有四五毫米长，看起来毫不起眼，但是也带着钻孔器。这些昆虫是来搞破坏的，虽然蝉对于它们来说是庞然大物，但这些大胆的家伙却毫不在乎，公然在蝉的脚边徘徊着，伺机干坏事。

　　蝉妈妈在一个刺孔里产好卵后，就往更高处爬去了。于是黑色小虫紧跟其后，抽出自己的钻孔器，插进蝉产卵的洞里，把自己的卵产了进去。这些外来者的卵

比蝉的卵孵化时间短，所以当它们的孩子出生以后，就毫不客气地拿蝉卵当食物。蝉妈妈怎么也不会想到，自己的宝宝还没出生就遭了厄运。

除了未孵化时会遭遇不幸，以后蝉宝宝还有许多难关要闯呢！拿常见的南欧熊蝉来说，它的卵是白色的梭形，长约2.5毫米，宽约0.5毫米，到9月下旬，这些卵就开始变成金黄色了，10月初，卵前面露出两个栗褐色的小圆点，那是正在发育的眼睛。这时的蝉卵就像是没有鳍的鱼。

虽然我在观察上算得勤快了，但还是没有亲眼看到过蝉的若虫从刺孔里钻出来。甚至在家里做过多次实验，也没有成功。根据大师雷沃米尔的记载，似乎他也遭遇了同样的遗憾！就在我屡试屡败准备放弃时，却在不经意间看到了期待已久的时刻。那是10月底，我收集了一些阿福花的枝条，想最后观察一下，如果还不行就算了。怎么也没想到，炉火的热度竟然对蝉卵产生了影响，刺孔里居然出来了许多小小的蝉宝宝。它们有黑色的眼睛，还穿着一件特殊的外套，腹部的体节已经很清晰了，不过整个身体非常光滑，不是若虫阶段那种触角都露出来的坚硬模样。是啊，如果一下就变成若虫的模样，要爬出那么小的刺孔，恐怕就太困难了。

我赶紧抓住机会，好好满足了一下长久以来想要观察蝉宝宝钻出刺孔的愿望，还给这些不知怎么称呼的宝宝起了个名字，叫"初龄幼虫"。

因为一个刺孔里的蝉卵差不多同时孵化，所以当初龄幼虫要出来时，最外面的那只必须以最快速度钻出来，而排在后面的初龄幼虫，必须依次穿过前面的卵孵化后留下的许多空卵壳再钻出来。初龄幼虫一只只出来后，首要任务就是脱去外套。只见它们身体上的外套从前到后，一点点裂开，像跳蚤似的小小若虫出现了。它们沐浴着阳光，感受着外面自由的世界。

　　蝉变成若虫以后，就要赶紧下地了。因为它们暴露在外面，就可能随时遭遇危险——被风吹到坚硬的岩石上，掉到积水里，或者落到根本不可能找到食物的沙地里等等。而这时寒冷的冬天就要来临，若虫必须赶紧找到松软的土钻进去，才能熬过漫长的冬季。

　　我准备通过实验，观察一下若虫"入地"的过程。我找了一些松软的黑色腐质土放在玻璃瓶里，黑色土能方便我以后观察时找到这些金色的小家伙，另外我在土里种了一丛百里香。

6只若虫被我放进了实验瓶中。它们没有立刻钻进土里，而是快速巡视着。

这是蝉一代代传下来的本能。野外生活中，若虫不可能如此幸运，每只落地都遇到上好的土壤。它们一般是落地以后先四下徘徊，找到合适的地点后，才开始往下钻。

慢慢地，6只若虫安静下来，开始用前足使劲挖土。几分钟后，一个小洞出现了，若虫钻了进去，再也看不见了。第二天，我把玻璃瓶倒过来，百里香的须根把周围的土都"抓住"了没有让土散开。我发现所有的若虫都待在瓶底，如果不是玻璃瓶挡住了去路，它们恐怕还会钻得更深呢。

我再次进行实验，这次等了一个月的时间，我才去查看。若虫还是一只只单独在土层的最下面待着，一只都没有挨着植物须根。莫非它们冬天不需要进食？有一种叫西芫菁的小虫，孵化后就钻进地里，在完全禁食的状态中度过冬天，估计蝉的若虫也是这样的。

南欧熊蝉的若虫在黑暗的地下年复一年，要经历四个寒暑才能钻出地面。而一旦变成成虫来到大树上，它的生命就只剩下约5周了，难怪蝉每天都近乎狂热地唱个不停。想到这里，即使蝉声再吵，我也不忍心责备它们了。

想要一个家

　　如果让孩子们说出几种最喜爱的昆虫，蟋蟀一定榜上有名。因为它们虽然其貌不扬，但是既会唱"抒情小夜曲"，又爱"比武"较高下，实在是有趣的好玩伴。别说孩子们，就连许多大作家也非常偏爱蟋蟀，常常让它们"跳"进作品里，充当个可爱的小角色。

　　我也一样爱这些小精灵，尤其是田间地头最常见的田野蟋蟀。所以即使在最热的夏天，烈日如火，也丝毫挡不住我寻觅它们的脚步。瞧，那薄薄的土层下，田野蟋蟀白色的卵经过 10 天的孵化，宝宝很快破壳而出了。

　　小田野蟋蟀们用大颚使劲儿拱开泥土，钻出了地面，然后好奇地东张西望——嗯，蓝天白云，天气真不错！到处都是绿油油的青草，食物丰富极了！不过它们很清楚，虽然周围看起来很平静，但危险随时都会出现，许多贪吃的坏家伙都想把它们当美餐吃掉呢！小蟋蟀们摆动着细长的触角，小心翼翼地探索着身边的

一切，还不时轻轻跳起，想试试自己的身手。嗯，不错！看起来十分敏捷。它们一边抓紧时间找吃的，一边毫不放松警惕，避免被小蜥蜴、蚂蚁等敌人发现。这时候，它们常常会遇到几个自己的同类，像双斑蟋蟀、独居蟋蟀、波尔多蟋蟀等等。大家都出生不久，居无定所，哪儿有吃的、哪儿安全就待在哪儿。草丛中、枯叶后，甚至一块小小的石头下，这些地方都可以成为它们临时的藏身之地。

不过，田野蟋蟀天生很不喜欢这种"流浪"生活。有些种类的蟋蟀总是得过且过，一辈子都没有固定的家。田野蟋蟀可不打算那样，它们有自己的梦想，只是现在还太小，必须慢慢积聚力量，等待自己变得强大起来。

夏天匆匆过去，转眼10月来临，秋风卷起飘落的树叶，在半空中打着旋儿。我心里惦记着小田野蟋蟀们，再次来到园子里寻找它们的踪迹：经过一个夏天，它们都还好吗？我四处察看，

发现它们的数量明显减少了。这是必然的，在大自然中，每种昆虫都有许多可怕的敌人。不过凡是躲过敌人猎杀幸存下来的田野蟋蟀，现在都变得身强体壮，算是成年了。它们做出了一个重要的决定：结束飘零的生活，建造属于自己的房子。

在介绍它们如何造房子之前，我实在忍不住要再夸奖一下这些有志气的小家伙——它们根本瞧不上那些现成的石缝、土洞，虽然这种地方随处可见，而且栖身也没什么问题，要是被独居蟋蟀发现，恐怕早就高兴得跳起来了。但那种简陋的住宅，太不符合田野蟋蟀对居住条件格外讲究的习惯了。它们要靠自己的辛苦和努力，建造一个独一无二、能一辈子遮风挡雨的家。

但是对于田野蟋蟀来说，建造房屋并不容易。要知道它们

的个头很小，除了还算强健的大颚，没有其他便利的工具可以用来挖土，而且田野蟋蟀都是独自生活，不像蚂蚁家族成员众多，可以依靠集体的力量。尽管困难重重，田野蟋蟀无论雌雄，还是毫不犹豫地行动起来——

首先，它们四处察看地形，想找到一处既卫生又向阳的地方。通过长期的观察，我知道阳光能照射到的草坡是它们的最佳选择。很快，田野蟋蟀选好位置，开始工作了。它们先用前腿不停地扒土，遇到粗砾石，就用钳子般的大颚把它们拔出来，带锯齿的后腿负责把土石不停地往后扫下斜坡。很快，小小的洞口形成了，接着洞越挖越深。终于，田野蟋蟀在草坡上随着地势挖出了斜斜的地道。这些地道根据地形的不同有的弯曲，有的笔直。地道非常狭窄，大约就一根手指宽。每只蟋蟀挖洞的深浅也不太一样，一般四五厘米深就算合格。

有了这条地道，田野蟋蟀大大地松了一口气，因为初步的栖身之所造好了。那些可怕的敌人很难发现这里，即使发现了，通常也进不来。不过，建造房屋这项大工程还得继续下去——要知道随着天气渐渐变冷，田野蟋蟀的身体还在慢慢长大，它们必须抓紧时间劳作，尽量把地道挖得更宽、更深。如果感觉有些累了，它们就来到洞口，把头朝外，轻轻地晃动长长的触角，休息一会儿，接着回去继续工作。

田野蟋蟀很讲究实用，它们建造的房屋一点都不豪华，没有复杂的岔道和多个出入口，但做工绝对称得上用心。洞的四壁被修整得细致整洁，尽头设置一间卧室，这里比其他地方更宽敞，墙壁甚至经过了打磨，十分光滑。由于位置选择和施工方法很合理，卧室总能保持干燥卫生，住在里面十分舒适。除此之外，讲究生活品质的田野蟋蟀还会把自己家门口打扫干净。这么做可不光是因为爱干净，要知道这里将是蟋蟀第二年春天纵情演奏的舞台呢！

我仔细观察过许多田野蟋蟀的家，发现了一个共同的现象——田野蟋蟀的洞口往往有一簇草遮挡着，一来能起到隐蔽的作用，二来万一下雨，也是天然的雨篷。多聪明的小家伙！更令人惊奇的是，我们都知道"兔子不吃窝边草"，是兔子为了保护自己的窝，而小小的蟋蟀也和兔子一样聪明，它们在周围吃草时同样绝不碰洞口这一簇。这是谁教会它们的呢？抑或是生存的本能？这实在是个有趣的问题。

日子一天天过去，有了这个虽然简朴但是温暖的家，冬天再冷也不怕了，这里是田野蟋蟀最安全的庇护所。勤劳的田野蟋蟀对自己目前的生活十分满意，不过它们不喜欢无所事事，所以在整个冬天，甚至是阳光温暖最适合玩耍的春天，也从不游手好闲。它们有空就维修自己的房屋，保持整洁舒适，对它们来说，这是家，是一辈子都不愿离开的地方。

蟋蟀演奏家和它的另一半

　　在昆虫界，有两位大名鼎鼎的"音乐家"，它们就是蟋蟀和蝉。不过，要是它们都去参加音乐比赛，恐怕蝉一定会输给蟋蟀。为什么呢？因为蝉的歌唱表演虽然激情十足，声音震耳，可是太干巴巴了，曲风毫无变化，听上去实在不怎么悦耳。可是蟋蟀就不同了，它们演奏出的乐声，时而婉转轻柔，时而急促有力，真是美妙动听。

　　当然我必须指出，会演奏的都是雄蟋蟀，这是大自然赐给它们的神奇魔法，是因为小小的偏爱，还是因为在大自然中，雄性要找到心爱的姑娘，必须有一项看家本领？我也说不清。

整整一个寒冬，不得不尽量躲在家里的蟋蟀真是憋闷坏了。看到阳光明媚的春天来了，它们打心底里高兴。食物越来越多，蟋蟀根本不用为肚子饿发愁，平日里除了要维修一下自己的房屋，没什么需要劳心劳力的事情。于是，雄蟋蟀便悠闲地待在自己家门口，自得其乐地演奏起来。

　　既然说到了这里，我还是稍微岔开一下话题，简单介绍一下雄蟋蟀的演奏乐器吧。那就是它的一对前翅。左右前翅结构相同，都是薄薄的，几乎透明，一半紧紧地平铺在背上，一半在身体侧面形成直角斜下去。当前翅的翅脉开始摩擦振动时，就发出了"克哩哩，克哩哩"的声音。我观察发现，雄蟋蟀都是右前翅盖在左前翅上面。我曾经人为地把左前翅放在右前翅上，但蟋蟀固执地恢复了原貌，这也许就是天生的习性吧。

　　初春那段时间，雄蟋蟀的演奏完全是自娱自乐，天气这么温暖，草地这么青翠，生活无忧无虑，有什么理由不开心呢？更何况我们这些独居的朋友天生就是乐天派。随着春去夏来，蟋蟀先生渐渐有了心事：到了要寻找蟋蟀姑娘的时节啦！作为一只成年蟋蟀，

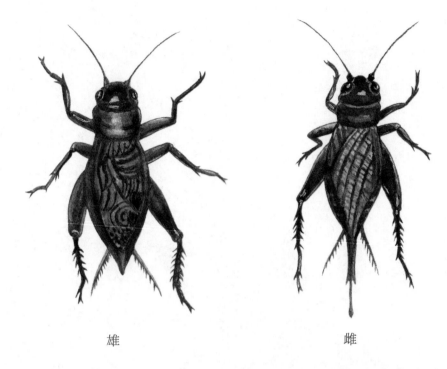

雄　　　　　　　　　　　　雌

找到另一半可是生命中最重要的事。这时，它的演奏就有了一种寻觅的味道，希望住在附近的雌蟋蟀能通过乐声喜欢上自己，愿意和自己成为一家人。

为了更全面地观察蟋蟀寻找伴侣的过程，我一方面在野外搜索守候，一方面弄了个大网罩，在里面制造出适合蟋蟀生活的小环境，然后把几只雄蟋蟀和雌蟋蟀放了进去。通过这两种观察方式所得到的信息的互相补充，我大致了解了蟋蟀的"婚配"过程。

首先，它们的见面时间应该是夜晚。当雄蟋蟀和雌蟋蟀彼此感受到对方的气息后，谁会去找谁呢？我一开始想当然地推测：既然雌蟋蟀不会发声，那么当它们听到雄蟋蟀的乐声后，就应该循声找到雄蟋蟀家里，在那里完成终生大事。但事实证明我的猜测是错误的。在蟋蟀的世界里，延续着雄性更具主动性的自然规律。

雄蟋蟀知道，自己必须勇敢地行动起来，不然就会错失心爱的姑娘。但是对于小小的蟋蟀来说，晚上出门的风险实在太大了。蟋蟀对地形学是外行，夜间它们要离开家到十多米外的地方，就已经非常困难了，更何况雌蟋蟀很可能住得更远。它们一旦出门，也许就再也找不到自己原来的家了。漆黑的夜里，静静等待的蟾蜍也正对蟋蟀虎视眈眈呢！

尽管如此，雄蟋蟀还是毫不犹豫地出发了，这是作为一个雄性必须要承担的责任。即使为此它们会付出惨痛代价甚至生命。

如果你以为只要雄蟋蟀找上门去，就会理所当然受到雌蟋蟀的热情欢迎，那就错了。要知道青睐这位姑娘的很可能有好几位先生呢！它们谁都不愿退让，这下有些麻烦了，难道必须打一架才能解决问题吗？我们人类虽然爱好斗蟋蟀，但蟋蟀们平时并不爱打架，只有到了这样的关键时刻，它们才决定一较高下，胜者获得追求蟋蟀姑娘的资格。

决斗开始了！它们互相撕咬对方的脑袋，扭打成一团，不用很长时间，当一方感觉不敌对手时，便会乖乖退出，站在一旁表示认输。面对羞愧的对手，胜利者虽然也有几分狼狈，但立刻露出了得意洋洋的神情。它继续围着姑娘演奏，但演奏的音调降低了许多，听起来更温柔了。

雌蟋蟀不愿轻易做出决定，它犹豫着往后退了几步。雄蟋蟀再接再厉，继续在姑娘面前展示魅力。它有点装腔作势地勾勾"手指"，把一根触角拉到大颚下，卷曲起来，用唾液当作美容液涂在上面。

急切的心情加上卖力的表现，使得雄蟋蟀越来越激动，它长长的后腿不停地踩着地面，时而还向空中踢几下。演奏这时候暂停了，不是它故意的，而是过分的激动使得前翅的颤动有些异常，发不出鸣响声来了。面对雄蟋蟀热情的表白，雌蟋蟀还是摆出一副无动于衷的表情，它虽躲在洞口的草丛里，但却不时向外张望着，让雄蟋蟀始终都能看到自己。

其实，雌蟋蟀早就被雄蟋蟀打动了，只是它还有些羞涩，不愿轻易答应。雄蟋蟀的努力没有白费，雌蟋蟀终于从洞里出来了，它不想再继续考验这位热情的追求者。雄蟋蟀见状兴奋异常，迅速迎向姑娘……

接下来的事情就顺理成章了。雄蟋蟀和雌蟋蟀成了伴侣，它们很快有了后代——像大头针的头部那样大小的白色的卵。到了明年夏天，宝宝们就会出生在这片草丛里，开始一段新的生命历程。

绿色蝈蝈的狩猎生活

　　7月中旬，盛夏刚刚开始，但是天气已经非常热了。晚上，村子里为了欢度国庆，在广场上举办了热闹的晚会。孩子们围着篝火唱唱跳跳，烟花不时冲上天空。这时，我离开了欢腾的人群，一个人走进夜色中，侧耳倾听来自田野的美妙音乐会。这音乐会美丽而质朴，恬静中充满生命的活力，比广场上的庆祝活动更加庄严呢。

　　大概是因为白天累了一天，蝉停止了唱歌，在树上静静地休息了。突然，一阵短促尖锐的叫声从高处传来，那是蝉遇到危险时发出的哀鸣，大概一只不幸的蝉遇到了暗夜杀手——绿色蝈蝈。绿色蝈蝈能够悄悄爬上树，猛地拦腰抓住蝉，接着把蝉开膛破肚，很快吃掉。这时，接替白天的音乐家蝉的新音乐家上场了，它们就是蝈蝈。蝈蝈的声音不像蝉那么高亢，而是低低的，有些嘶哑，间或有一声金属般的脆响。虽然我耳边有十多只蝈蝈在同时演奏，但几乎都被蛙声和其他昆虫的声音掩盖了，只有当其他音乐家暂停时，才能分辨出蝈蝈那舒缓柔和的声音，在夜色中显得十分协调。

在我家附近，绿色蝈蝈并不多见。我从去年开始想研究这种螽斯类昆虫，但是寻遍了附近地区，一只也没有发现。无奈之下，我只好求助于护林人。慷慨热心的护林人从拉嘉德高原上，给我送来了一对绿色蝈蝈，一雌一雄。于是到今年夏天，我的荒石园里就随处可见蝈蝈的身影了。从6月开始，我抓了不少蝈蝈饲养在我的网罩里，有雌有雄。蝈蝈长得很漂亮，身材匀称优美，浑身嫩绿，侧面还有两条白色的丝带。蝈蝈的翅膀大而轻盈，在螽斯类昆虫里是最漂亮的。

饲养昆虫最重要的一点，就是要给它们提供合适充足的食物。到底给网罩里的蝈蝈吃什么，一开始还真难住了我。按照猜测，我最早给它们吃生菜叶，没想到它们根本不

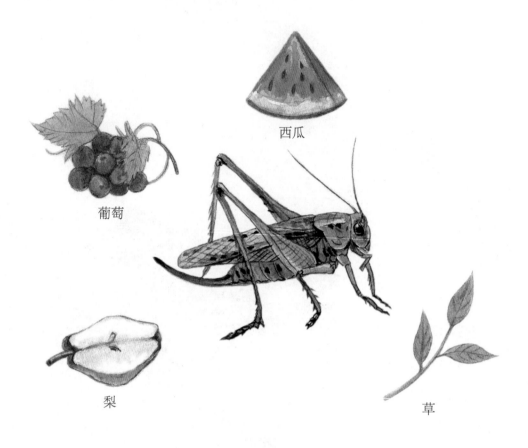

葡萄

西瓜

梨

草

喜欢，只勉强咬了几口。后来我偶然知道原来这是一群假惺惺的素食主义者，它们钟爱的是肉食。那是在一个清晨，我正在树下散步，突然从树上掉下来一个什么东西，还伴随着吱吱的叫声。我跑到跟前一看，原来是一只蝈蝈和一只蝉，它们正纠缠在一起。蝈蝈紧咬蝉的肚子，而蝉在拼命挣扎，估计它们是在树上搏斗时，不小心掉下来的。

后来，我又多次在树上看到了同样的场景：蝈蝈勇猛地扑向蝉，而蝉只会惊慌地逃跑。说到捕猎，人们会觉得"老鹰捉小鸡"很正常，因为老鹰比小鸡大得多，可是蝈蝈捕蝉就很让人诧异了，因为蝉的体形比蝈蝈大多了。但是，面对蝈蝈锋利的大颚和钳子，没什么有效武器的"傻大个儿"蝉只能悲惨地被吃掉。蝈蝈很会把握捕猎时间，它总是趁夜间蝉睡眼蒙眬的时候下手。只要被蝈蝈盯上，蝉基本就别想逃脱了。

在我用蝉来喂蝈蝈后，它们果然食欲大振，蝉身体里有诱人的甜汁，蝈蝈吃起来特别带劲。为了给蝈蝈调换口味，有时我也喂它们吃西瓜、梨、葡萄等。蝈蝈对这些甜食很喜爱，总是争先恐后地品尝。我知道，在北方地区，蝈蝈不太可能吃到滋味鲜甜的蝉，在它们的食谱里，应该还有其他东西。我尝试了一下，发现蝈蝈也能接受多种金龟，尤其是那些没有坚硬护甲的昆虫，实在是食物缺乏时，蝈蝈也能吃点草应付。

在蝈蝈的世界里，也存在吃同类的现象。假如一只蝈蝈死了，其他蝈蝈就会把死者吃掉，一点都没觉得吃同伴和吃其他食物有什么区别。这种行为好像是所有"带刀类"昆虫都具有的。在我的网罩里，还没发生过这么残忍的事情，蝈蝈之间相处还算友好，最多就是当我只给它们喂一块水果时，首先霸占

了那块水果的蝈蝈，要是看到其他同伴想过来分享，便生气地把对方踢走。不过当第一只吃饱后，会让位给第二只……它们这样一只接一只，最后大家谁都没有落下。

吃饱喝足以后，蝈蝈就用嘴巴蹭蹭脚，用沾了口水的前足擦擦脸和眼睛，然后抓住网纱或者躺在沙土上休息。它们一天里的大部分时间都在休息，天气越热越不爱活动。到了傍晚，网罩里的蝈蝈开始兴奋起来，晚上9点是情绪的最高潮，它们跳来跳去，一会儿跳到网罩顶上，一会儿下来，接着又爬上去，似乎一刻也不想停。

这个夏季里，蝈蝈即将完成婚配，所以雄蝈蝈显得有些躁动。它们或者演奏，或者用长长的触角吸引附近的雌蝈蝈；而雌蝈蝈们显得稳重许多，各自在笼子里端庄地溜达着。虽然雌蝈蝈看起来很矜持，不过雌雄还是很快配好了对。在长长的婚礼序曲中，两只蝈蝈头碰头、脸贴脸，用柔软的触角互相触碰着，雄蝈蝈还不时激动地叫几声。

两只蝈蝈的爱情表白持续的时间太长了，直到深夜还没结束。我这个观察者在旁边实在吃不消了，只能先去睡觉。希望蝈蝈们在恩爱之后，赶紧进"洞房"吧，生育下一代的重要任务还等着它们去完成呢！

背负坏名声的蝗虫

　　如果你想和家人一起到野外活动一下，顺便再来点狩猎的乐趣，那么捉蝗虫肯定特别有意思。这天上午，我和保尔、玛丽一起来到草坡上，在捉蝗虫的游戏中度过了一个精彩的上午。保尔眼明手快，一会儿在蜡菊丛中看到了长鼻蝗虫，一会儿在灌木里发现了灰蝗虫，而年龄较小的玛丽则兴冲冲地摆弄着那种后腿是红色、翅膀是黄色的漂亮意大利蝗虫。

　　说到蝗虫，一直以来它们都背负着不怎么好的名声。在一些国家，据说这些小家伙曾经造成过可怕的毁灭，被很多人视作最讨厌的害虫。我倒是有

点疑问：真的是这样吗？在田野里，蝗虫的行为有那么大的破坏作用吗？

我觉得蝗虫没有传说中那么坏，相反，在某些方面它们还有许多益处呢，反正我从没听说附近的农民抱怨过蝗虫。蝗虫平日里吃什么呢？它们不过吃了点绵羊啃不动的植物，还消灭掉了许多田间杂草，它们并没有对农作物造成多大的损害。就拿蝗虫最爱吃麦子这件事来说，当它们来到田野时，麦子早就

收割完了。蝗虫有时候是会飞进菜园，自说自话吃几片生菜叶子，但那影响实在很小。

自然万物都有存在的合理性，不能因为哪种生物的某一个缺点，就恨不得将它们一网打尽。如果那样的话，自然界的平衡恐怕早就被破坏了。

现在，我就要来说说蝗虫的益处。想想看，秋天里，孩子们用竹竿赶着火鸡来到收割后的田间，火鸡一边慢慢踱步，一

边低头在寻找什么？是蝗虫。这种不用花费分文的昆虫美食，让火鸡个个长得肉质肥美，在圣诞节前夜成了人们桌上的大餐。

　　农场里的家禽珠鸡、母鸡也爱吃蝗虫，蝗虫能让它们体格健壮，或者增加产蛋量。就算野外的山鹑、小候鸟，甚至蜥蜴，也都把蝗虫当作美味。可以说，蝗虫以间接的方式，养活了很多动物，并最后为人类的美食做出了贡献。我曾经抓过一些蝗虫，裹上奶油和盐，油煎后端上餐桌，大人小孩居然都觉得这道昆虫美食很不错！

　　虽然蝗虫不受某些人的欢迎，还经常被各种动物捕食，但它们天性乐观，吃饱以后也会发出一些声音来表达满足和快乐。和蝉拥有高级发声器相比，蝗虫只有一个简陋的发声器，所以发出来的声音很微弱，即使我靠近仔细听，也只能感觉到一点点类似针尖擦着纸页的响声。

瞧，这是一个多云的日子，太阳一会儿露脸，一会儿躲进云间，蝗虫准备用后足弹奏音乐了。太阳一钻出云层，蝗虫就起劲地弹啊弹，太阳一被乌云遮蔽，它们就立刻停止，太阳成了蝗虫演奏的有趣指挥者。

蝗虫的演奏水平一般，面对爱情也显得十分平静，几乎没有什么值得特别说的。我家附近最多的是意大利蝗虫，它们夏天举行婚礼，到了8月雌蝗虫开始产卵，我曾在网罩里亲眼看到过产卵的全过程。那天阳光灿烂，在网罩的边上，雌蝗虫用它鼓胀的肚子先探查了一会儿，接着就选定了位置，尾部用力，插进了土里，它开始产卵了。这时候，雄蝗虫也没闲着，它守在一旁，专注地看着雌蝗虫，充当保护者的角色。一些即将产卵的雌蝗虫也来围观，它们大概也期盼着自己做母亲的那一刻呢。

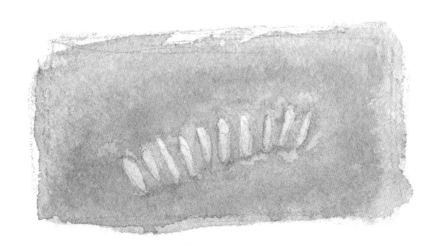

雌蝗虫的产卵持续了四十来分钟。突然，它把后半身从土里拔了出来，跳着离开了。从它头也不回的态度可以知道，这不是一个细心的母亲。但也不是所有的蝗虫母亲都这样，在蝗虫家族里还是有比较负责的，比如蓝翅蝗虫和黑面小车蝗虫，它们产好卵后，会用后足扫一些沙土盖住产卵的地方，再用脚踩一踩，保证看不出任何痕迹。它们这时会发出欢快的声音，好像在说：我的孩子们，你们来到了大地的怀抱中，你们是我生命的延续……

　　雌蝗虫在产卵期会多次产卵，但每次完成产卵后，它都要停下来先吃点绿叶。是啊，产卵毕竟是一项辛苦的工作，在寻找下一个产卵点前，母亲得先恢复一下体力。不过看到蝗虫家族这么兴盛，蝗虫母亲的所有付出都值得了。

既优雅又凶猛的螳螂

有一种昆虫很有意思，它没有蝉名气那么响，更不喜欢像蝉那样整天大叫大嚷，不过要论体形、仪态、颜色，它比蝉强多了。知道它是谁吗？对了，就是螳螂。

螳螂喜欢生活在阳光充足的草地上。它身材修长，仪态万方，没事就优雅地半立着，长裙般的绿色翅膀宽大而轻盈，像绿色的薄纱长长地拖在地上。一对前足高高地伸向空中，似乎在进行真诚的祈祷。

可是，大家实在太不了解螳螂了！螳螂表面优雅虔诚，实际上却比一般昆虫具有更凶猛的捕猎习性。它是昆虫界里很可怕的杀手，被叫做"田野里的小霸王"。螳螂力气很大，有一副超好的食肉胃口，更令人叫绝的是，它还能够引导自己的视线进行观察，这在昆虫界简直太少见了。

现在我们就来看看螳螂那厉害的猎杀武器吧。螳螂的一对

前足（捕捉足）很长，内侧有两行小锯齿，十分锋利，而足上的硬钩能迅速出击钩住对手，所以也很有威胁性，我就曾经吃过这对硬钩的亏。那是有几次，我在捉螳螂时，一不当心就被它给钩住了，因为双手都没空，我只好叫人来帮我——要是不赶紧把刺入肉里的硬钩拔出来，准会被弄出一道血口子。

螳螂就是这样，闲着没事时，收起前面这对捕捉足举在胸前，装出一副无害的模样；可一旦有猎物接近，它便立刻亮出武器，片刻之间就把蝗虫、蝈蝈等昆虫给猎杀了。

要想系统地研究螳螂，光靠在野地里碰运气实在不行，于是我决定人工饲养螳螂。这倒不是一件很难的事，因为只要给螳螂提供足够的食物，它们似乎也不太在乎被关在网罩里。况且我还给它们精心布置了生活环境，网罩里有百里香、产卵用的石头等。

因为螳螂的胃口特别大，所以我每天都要到野外给它们寻找食物。这些家伙平时在野外捕到猎物后，都会吃得干干净净。

可是现在它们面对我给它们的食物，却只草草咬几口，就丢在一边不要了。算了，我实在没法跟它们计较，就把这当作我囚禁它们的代价吧。

不过，螳螂的大食量实在是个令人烦恼的问题。我只好用面包和西瓜，讨好几个无所事事的小孩，让他们帮我到野外去找虫子。而我每天拿着网兜，只在荒石园里寻找一些特殊的食物给螳螂，以此来检验一下它们的捕猎能力到底有多强。

我先给螳螂吃的是体形比螳螂大很多的灰蝗虫，再是有着强壮大颚的白额螽斯，后来甚至还提供了我们地区最大的两种蜘蛛：圆网丝蛛和冠冕蛛。无论哪种猎物进了网罩，螳螂都会找准机会冲上去，发起凶猛进攻，用锐利的前足和锯齿，让这些昆虫无法动弹，直至垂死，然后开始津津有味地享用美食。

当螳螂遇到自认为强劲的对手时，有个特殊的恐吓招数——

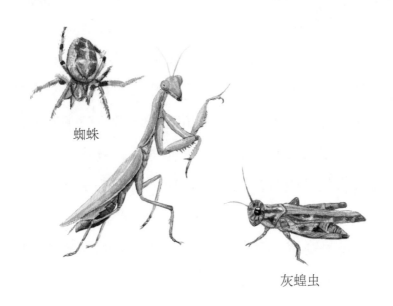

蜘蛛

灰蝗虫

摆出威风凛凛的站姿，长长的前胸挺得笔直，那对原本抱在胸前的捕捉足完全打开，十字交叉地伸着，前翅也展开了，斜斜地放在两侧，后翅则像竖起的船帆，气势十足。它的腹部一会儿抬起一会儿放下，时而抖动时而放松，发出喘气似的声音。与此同时，螳螂的眼睛死死盯住对手，如果对手稍有移动，它的头也跟着转动，不让对手离开自己的视线。一旦对手被螳螂的阵势唬住，螳螂取胜的机会便大大增加。当螳螂冲向猎物开始进攻时，如果时间充足，它会将猎物一块块肢解掉。这么做有一定的风险，万一对手的武器划破螳螂的肚子，会威胁到螳螂的生命。所以螳螂常常选择从对方的颈部下口，以便安全而快捷地结束战斗。

瞧网罩里，螳螂用一只前足钩住了对手的腰，让对手不能动弹；同时用另一只前足按住对手的头，露出它的后脖颈。接着，螳螂的尖嘴巴对准这块没有护甲的地方，一口一口地啃咬，直到把脖子咬出一个大口子才罢休。大多数昆虫的脖颈处都有神经节，这里遭到袭击后，昆虫很快就无法动弹了。螳螂大功告成，于是在进食前先起来活动一下身体，把张开的双翅合起来，就像军队打仗结束后，把原本飘扬的战旗收起来。

这里还要向大家说明一点：在螳螂家族里，雌性具有主导权，所以我饲养的大多数都是雌螳螂，刚才说的那些凶猛的捕猎者也都是雌性。和雌螳螂相比，雄螳螂又瘦又小，但翅膀挺发达，飞得最远的时候，能飞到差不多相当于我们人类走四五步远的

距离。雄螳螂过着流浪的生活，吃得也很少，捕捉的都是一些瘦小的蝗虫。它们不会做雌螳螂那种恐吓对手的动作，因为它们毫无野心，那种凶悍的举动根本派不上用场。

几个月时间里，我给笼子里的螳螂提供了各种"野味"，我实在不敢相信，螳螂那小小的嘴巴、细细的身体，是怎么吞下并容纳如此多的食物的？有时候看螳螂吃东西，它们的脸上似乎带着几分心满意足的表情呢！

我曾经把狩猎昆虫分成两类：一类是将猎物麻醉后吃掉，一类是把猎物杀死后再吃。这两类昆虫都是高超的解剖者，能够找到猎物最脆弱的地方。而螳螂在后一类狩猎昆虫中，身手绝对算得上一流！

悲壮的爱情

  在螳螂家族中，雌螳螂的捕猎能力比雄螳螂要强得多。雌螳螂表面看起来一副优雅的模样，可是本性十分凶猛！别说猎物，即使面对同类，雌螳螂也毫无顾忌，为所欲为。下面，我们来看看雌螳螂在特殊情况下，怎么对待自己的姐妹吧。

  我曾经在网罩里饲养过一些螳螂，因为不想太占地方，所以一个网罩里放了好几只。我想网罩反正足够大，就算雌螳螂都很凶猛，各自也有足够的活动空间了。再说这些雌螳螂已经接近婚配产卵的阶段，肚子变得很大，并不怎么爱活动。

  尽管我觉得不会出现问题，但依然对螳螂同居一室有可能发生的危险做了些防范。万一因为食物短缺发生了矛盾呢？为此，我尽量每天都保证食物供应，这样以后就算有争斗出现，我也可以肯定不是由于食物缺乏造成的。

同一个网罩里的雌螳螂相安无事了几天，但是随着它们的肚子越来越大，卵细胞越来越成熟，嫉妒心似乎也大大增强了，即便没有雄螳螂出现，它们也会互相威胁甚至残杀。那原本祈祷般举着的前足，摆出十足的搏斗的姿势。

你看，网罩里两只雌螳螂要打架了。它俩互相挑衅地盯着对方，头扭来扭去，翅膀摩擦着肚子，发出了冲锋号般的噗噗声。猛地，一只雌螳螂伸出硬钩，打中对手后立刻撤了回去。对手也毫不示弱地举钩还击。有时候这种争斗不很激烈，只要受了轻伤的一方主动认输，另一方就离开了；但大多数时候，它们的搏斗是你死我活的，胜利者会死死掐住战败者，张口就要吃掉它，根本没有同类之间的怜

惜之情。唉，网罩里其他的围观者，不但没有上前制止，说不定也想效仿胜利者，找个同伴打一架呢。

　　动物界里，即使是声名狼藉的狼，也不会吃同类。螳螂却能做出这么残忍的事情，我都不知该怎么说它们了。

　　雌螳螂之间毫不留情，也许是因为同性相斥，那么如果是成为了一家人的雌螳螂和雄螳螂，会不会相亲相爱地一起生活呢？我把一对对雌雄配好的螳螂放进网罩里，准备观察。为了避免意外，我同样给它们提供了充足的食物。

　　雌雄螳螂开始相处得不错。大概到了8月末，雄螳螂觉得求爱时机已到，便屡屡向比自己强壮的雌螳螂表达爱意。雄螳螂的求爱动作是这样的：偏着头，弯着脖子，胸脯尽量挺高，一动不动地对爱慕者频送秋波。雌螳螂似乎毫无反应，一动不动。雄螳螂知道这就是默认，立刻扑上前去，抱住了雌螳螂。两只螳螂真的变成了一对，它们用五六个小时，举行了婚礼，并一起完成了繁衍后代的任务。

　　就在婚配后的当天，最晚到第二天，雌螳螂居然干出了一桩令人震惊的事——它像对待猎物一样，张口咬向雄螳螂的脖子，然后一口一口，把自己孩子的父亲吃掉了，最后只剩下一对薄薄的翅膀飘散在网罩里。

　　哦，这简直已经超出了同类相残的范畴！雌螳螂的这种行为太可怕了！要知道不久前它们还在一起恩爱有加啊！怎么转眼间就毫不念旧情了呢？

吃下自己的第一任丈夫后，雌螳螂休息了一会儿，很快接受了下一位求爱者。它们再次举行结婚仪式，然后第二任丈夫也像前面那只雄螳螂一样，被雌螳螂吃掉了。接着是第三只、第四只……两个星期里，我眼睁睁看着这只雌螳螂连续吃掉了自己的七任丈夫。

雄螳螂这么悲惨地被吃掉，是因为我把它们关在网罩里，以至于结婚后雄螳螂无法及时逃跑吗？如果在野外，雄螳螂会不会在婚礼后，赶紧远离自己危险的妻子呢？我后来的一次观察证实，雄螳螂即使有机会也不会逃走，它们是心甘情愿被吃掉的。当时，那只雄螳螂紧紧地抱住雌螳螂，当雌螳螂开始咬食它的头部、脖子甚至胸部时雄螳螂也不放开。

有人曾经说，爱情比生命更重要。这句话用来形容雄螳螂，真是太贴切了。

为什么雌雄螳螂之间会有这么悲惨的爱情呢？是不是在某个地质时期，昆虫们刚刚出现，雌性和雄性间采用的都是粗暴的婚配方式，虽然后来出现了复杂多样的昆虫，它们的婚配习性变得温柔了很多，但是螳螂却在记忆中保留了先前的那份记忆，依然延续着过去那种不怎么美好的习性？

整个螳螂家族有许多种类，它们大多数都是在结婚后，雌螳螂立刻吃掉雄螳螂。我们到底是应该谴责雌螳螂的残忍呢，还是应该赞美雄螳螂的奉献？不过，也许为了繁衍后代，它们之间早已达成默契了吧，谁知道呢？

泡沫城堡的主人

　　4月，阳光明媚，气候温暖，去北方过冬的燕子和杜鹃都飞回来了，一派鸟语花香的景象。对于研究昆虫的人来说，最吸引他们的还是脚下的这片土地——说不定哪里就藏着几只可爱的小家伙呢。这个时节，如果你到牧场走走，随处会发现一小堆一小堆的白色泡沫。刚开始你可能还以为是过路人吐的唾沫呢，但这唾沫的量太多了，以至于你很快改变了想法——是啊，谁会吐那么多唾沫啊？它们一定另有来历！

　　北方的农民把这些泡沫叫做"杜鹃唾沫"，说那是贪玩的杜鹃在飞行中观察其他鸟儿的窝，以便找到安置自己的卵的窝时胡乱吐出来的；还有人叫它们"青蛙唾液"，这就更难理解了，青蛙在这儿吐唾沫干什么呢？

　　和北方农民的胡乱猜测相比，普罗旺斯的农民实在多了。当我问他们这些泡沫是怎么回事时，他们笑笑，干脆地说"不

知道"。嗯，我喜欢这种实事求是的态度，不知道就是不知道，用不着胡编乱造。

既然没人知道，那我接下来要做的，就是弄清这些泡沫的真相。我拿起一根麦秸，在泡沫中拨弄了几下，很快发现有一只淡黄色的小虫子藏在其中，模样有点像没有翅膀的蝉——其实，它的确是只蝉，虽然体形很小，但完全具备蝉的成虫的外形特点，所以昆虫学家给它起了个名字：牧草沫蝉。下面我们就简称它为"沫蝉"吧。

我先查阅了一些研究沫蝉的书，书里说沫蝉是通过刺破植物，让植物渗出来的汁液成泡沫状，然后躲在里面的。泡沫里阴凉舒服，还能避免敌人侵扰，的确两全其美。书里还说，要消灭这种破坏牧草的虫子，必须大清早起来，烧一锅开水，把那些布满泡沫的枝条浸在锅里，于是沫蝉就被烫死了。

可怜的沫蝉啊，别怪人们用这么残忍的方法来对付你。你确实把那些植物都吸干，使它们枯萎了啊！寓言作家不是说过吗，侵犯了别人的一草一木，都应该受到严厉的惩罚！不过在我这里你不用担心，我特意留了几行蚕豆和豌豆给你，希望弄清楚你是怎么制造泡沫的。

根据我的观察，沫蝉留下的泡沫很久都不会破裂消失，和肥皂泡转眼就啪啪地爆裂比起来，沫蝉的泡沫具有超强的稳定性，这种稳定性对沫蝉来说至关重要，否则它得不停地生产泡沫，非累趴下不可。

通常情况下，沫蝉喜欢独自躲在自己的泡沫堆里，偶尔也有两三只共处的，这往往是因为它们的泡沫堆离得太近，最后不可避免地合二或合三为一了，于是大家只好共居一座大房子。

如果你仔细对比一下，就会发现沫蝉做的泡沫大小基本相同，就像经过了严格的测量，所以人们猜想沫蝉大概有一根测量泡沫体积专用的量管。下面，我们就来仔细看看沫蝉制造泡沫的过程吧。我通过放大镜，看到沫蝉把口针插进树叶里，然后用 6 只足紧紧扒牢，腹部平放在树叶上。那里渗出了透明的液体，里面没有一点泡沫，看来沫蝉的口器并不是制造泡沫的工具，它只负责提供原料。

平日里我们想让富含蛋白质的液体产生泡沫，有两种方法：第一是搅拌法，不断地搅拌液体，使里面充满空气；第二是注气法，就是直接把空气注入液体，这种方法最简单。沫蝉就是聪明地选择了这种方法——通过吹气来制造泡沫。但是，沫蝉没有肺这种呼吸器官，它用的是腹尖处那个精巧的"鼓风机"。"鼓风机"是个囊袋，袋子最后裂开成 Y 字形，轮流开闭着。等树叶的液体将沫蝉的身体淹没一半时，它立刻开始加工泡沫。它把腹尖抬升至液体外，打开囊袋，吸进空气，吸满后，关闭囊袋，将腹尖伸入液体中，把囊袋里的空气挤出来，注入透明液体中，于是第一个泡沫产生了。接下来，它如法炮制第二个、第三个……当

沫蝉制造的泡沫越来越多，它用力抬起腹尖也不能制造出泡沫时，说明泡沫的数量差不多了，它可以停止工作了。于是沫蝉把自己埋在泡沫里，那些没用完的液体原料就慢慢凝结成透明的树脂。

我想亲自实验一次，看自己是不是也能做出同样的泡沫。于是我用一根玻璃管插进液体里，然后轻轻吹气。很遗憾，我的实验失败了，我只弄出一点小小的气泡，而且很快就破了。

看来，沫蝉从树叶中抽取的液体，并不能直接做成泡沫，它一定在制作过程中往里面加了东西。沫蝉是怎么加、何时加的呢？它的"肥皂厂"和"添加剂工厂"又在哪里呢？显然是在囊袋的底部。沫蝉每次向液体中注入空气的同时，都加入了富有黏性的蛋白质。这种黏合剂使液体具有黏性，注入空气后便能凝结成长久不裂的泡沫。沫蝉在泡沫的掩护下保持身体凉爽，还避开了迫害者的目光和寄生虫的侵扰。

在这座稳固的泡沫城堡里，沫蝉安心地生活着，褪去旧皮，换上新皮，直到发育为成虫。不得不说，它的这项技术实在很高明。可是很奇怪，这么好的方法，居然没有其他昆虫模仿！

如果一定要找个原因，我也只能用一句话来总结：本能，动物的本能决定了它的一切活动。其他昆虫虽然无法成为沫蝉那样的泡沫城堡堡主，但也有各自精彩的生存方式啊。

油脂堆里的猎蝽

    说起臭虫猎蝽，又叫面具猎蝽，我是有一次在无意中发现它们的，为了进一步研究它们，我准备去村子里的屠夫那里找找看。臭虫猎蝽实在不是什么体面的昆虫，它喜欢死的东西，所以屠夫那里是最佳寄居处。

    屠夫对我非常热情，他带我来到了仓库的顶楼。这里一年四季都开着天窗，房间里十分幽暗，尤其在炎热的夏季，那令人作呕的气味实在太可怕了。

    在顶楼的一个角落里，堆着一些羊脂，发出类似蜡烛臭的难闻味道。我用铲子铲开一些油脂，看到里面布满了皮蠹和蛹，还有一些苍蝇和衣蛾飞来飞去。不过，最让我吃惊的，是大量模样丑陋的昆虫聚集在一起，一动不动，在石灰墙上留下一个个黑斑。这些就是臭虫猎蝽，我小心地把它们收集起来，放进了带来的盒子里。

屠夫告诉我，这些虫子飞来以后，就紧紧趴在墙上一动不动，虽然他用扫帚暂时把虫子赶走了，但第二天它们又照样飞来。这些虫子从不破坏屠夫储存的动物油脂和剥下来的牲口皮，它们来的目的是什么呢？我暂时也不明白，但我告诉屠夫，我会想办法弄明白，并且告诉他的。

　　现在来看看我收集的臭虫猎蝽吧，它们长得是挺难看的，浑身褐色，灰扑扑的，身体干瘦扁平得就像臭虫，脚爪长而笨。它们都有一个形状像钩子似的喙，还有一根头发丝般的细细手术刀，根据经验判断，臭虫猎蝽应该是个捕猎者。

　　我决定好好饲养这些臭虫猎蝽，弄清楚它们的捕猎目标是什么。记得我过去偶然看到过一只真蝽捕猎花金龟，于是便在大口玻璃瓶里放了一群臭虫猎蝽，然后把一只花金龟放了进去。果然，

第二天花金龟变成了干尸，关节上插着猎蝽的探针。

用蝗虫做实验也一样，只要猎物的力气小于猎蝽，基本都逃不掉。不过我没有亲眼看到过搏斗过程，因为臭虫猎蝽都是在夜里开展捕杀行动，它们把猎物身体里的汁液全部吸掉，然后把干瘪的空壳丢在一边。吃饱的猎蝽成群地聚集着，从早到晚一动不动，只待夜晚来临时，再进行新的猎杀。

这次，我在猎蝽面前放了一只强大的螽斯，体形有猎蝽的五六倍大。第二天，我发现螽斯没有逃脱厄运，猎蝽照样把这庞然大物吸干了。猎蝽捕猎的致命招数是什么呢？通过之前的观察，我几乎可以肯定猎蝽没有什么特别出色的猎杀手段，它应该不懂神经中枢这些关键部位，只会逮着猎物身体柔软的地方，胡乱用针，然后注射毒液。它的喙是毒液的出口，而且毒性肯定很大。

为了获得更可靠的证据，我决定亲自尝尝被猎蝽针蜇的感觉。我把猎蝽放在手指上，故意逗弄它，但它没有亮针，我的愿望没被满足。虽然我没有亲眼见到猎蝽杀害别的昆虫的过程，但早晨，我经常能看到猎蝽进食。只见它把猎物蜇伤后，立刻开始吸食，从脖子到腹部，从腹部到后背，一点一点，动作娴熟，没有漏掉任何一个地方。拿蝗虫来说，猎蝽要换二十多个吸食点，部位不同，停留的时间也不同。

那么，这些吸食昆虫汁液的猎蝽，到屠夫的仓库里去干什么呢？仓库里阴暗难闻，猎蝽喜爱的食物蝗虫、螳螂、叶甲虫……都喜欢青草绿树和明媚阳光啊！但仓库里肯定有猎蝽的美食，不然它们不会聚集在那里，昆虫都聪明着呢！

我想，一切缘于动物油脂吧。油脂是皮蠹的最爱，是不是大量的皮蠹吸引了猎蝽呢？我要用实验来证明。我不停地把皮蠹送给玻璃瓶里的猎蝽，果然，疯狂的猎杀开始了，皮蠹尸体越来越多，猎蝽们真是大快朵颐。我要把这个发现告诉屠夫。对他来说，这可是个喜讯，以后他不用再驱赶猎蝽了，皮蠹是破坏皮毛的蛀虫，而猎蝽捕食皮蠹，是间接地帮助了屠夫啊！

虽然第一个问题搞清了，但我又产生了第二个问题：在野外，皮蠹或者其他猎物也相当丰富，猎蝽为什么喜欢成群结队到屠夫的仓库里来呢？我估计和繁殖后代有关。6月底的时候，我得到了一批猎蝽的卵；7月中旬，这些卵开始孵化了，我给它们送去一些小飞虫，但若虫不理不睬，于是我换了一些动物油脂给它们，果然，小家伙们忙开了，它们把喙插在油脂上，吸食着发臭的油脂，吃饱后便退到沙土上慢慢消化。一天天过去，猎蝽若虫越来越大，

经过蜕皮变形，再浑身沾满泥土碎屑，它们就像戴上了假面具，而"假面具"也正是猎蝽的绰号。

谜底由此揭开，当猎蝽知道自己要产卵时，为了保证孩子们一出生就吃喝不愁，所以选择了最佳场所：堆放油脂的仓库。

从很早开始，就有人认为猎蝽是捕捉臭虫的好手，于是书上就写着对它的赞美之词，并描写猎蝽如何在暗夜里和讨厌的臭虫战斗。对于这个传统观点，我要说明的是：猎蝽的确能够接受臭虫作为食物，但是它绝对不"钟爱"臭虫，反而是蝗虫等其他昆虫，更受猎蝽的欢迎。

不仅如此，其实猎蝽捕食臭虫是很困难的，因为无论是猎蝽的成虫还是若虫，体形都比较大，而臭虫却非常小，猎蝽很难钻进臭虫藏身的狭小缝隙里，除非双方正好狭路相逢。

总而言之，猎蝽的若虫主要吃脂肪，而成虫的食谱很杂，所以从此不要再为猎蝽偶尔捕食臭虫唱赞歌了，况且即使猎蝽失去了这项荣誉，对于它来说，也根本不会在意的！

天牛幼虫的先见之明

寒冷的冬天即将来临，我要着手准备一些冬天取暖用的木材了。虽然做这件事要花点时间，但也成了我写作之余很好的消遣。我告诉伐木工，自己只要那种被虫子蛀得特别厉害的木材。伐木工从没听说有人提这样的要求，因为质量好的木材更耐烧，虫眼很多的木材大家都不愿意要呢！

尽管伐木工心里觉得奇怪，但还是遵照我的要求，给我砍伐了许多虫眼斑斑的橡树干。太好了，现在我可以尽情地在这些树干上寻找有趣的小家伙啦！昆虫在别人眼里也许很讨厌，但在我这儿可是珍贵的宝贝。吉丁、壁蜂、切叶蜂……其中我最感兴趣的，是躺在深深的树干里、对橡树破坏最厉害的家伙——天牛。这时候，它还处于幼虫阶段。

天牛幼虫长得像一截小肠，软软的，能够蠕动。它要在树干里生活三年。在这漫长而黑暗的三年里，天牛幼虫都干些什么来打发时间呢？原来，它不停地在树干中挖掘通道，然后把挖下来的木屑当作自己的食物，吃下去，消化掉，排出体外，最后堆积在身子后面的通道里。

天牛幼虫为什么很善于挖木头呢？这和它头部的构造有关。天牛幼虫的脑袋像个圆圆的杵头，还有一对既像木匠的半圆凿、又像边缘锋利的汤羹般强健的大颚，所以在树干中干起活来十分得力。

天牛幼虫每天唯一的事情就是挖木头，唯一的食物就是木屑，生活方式和食物都单调到了极点。尽管如此，天牛幼虫还是长得白白胖胖，身体呈现出象牙般的感觉，细腻光滑。

天牛幼虫还有个特别的绝活，就是它既能背部朝上爬行，也能腹部朝上爬行，这是因为它的背部和腹部都长有支撑身体的步泡突。天牛幼虫靠收缩和放松身体，就能在自己挖掘的通道里自如前进或后退了。

天牛成虫有敏锐的视觉和其他感觉，但是这一点在天牛幼虫身上一点也没有体现出来，它身上几乎看不出有视觉和听觉器官。也是，整天待在黑乎乎、几乎没有任何声音的树干里，要视力和听力根本没什么用啊！我曾经测试过天牛幼虫的听力，在它旁边用金属敲击，用锉刀锉锯子，但它一动不动，完全没有受到声音刺激后应该会出现的皮肤抖动等现象。

天牛幼虫同样没有嗅觉，我也做过实验来证实这一点。我给天牛幼虫换了一种气味强烈的柏树，还在它旁边放过一些樟

脑，但都是白
费力气，它丝
毫没有想离开的
表现。至于味觉和
触觉，天牛幼虫是具
备的，但都不算敏锐。

　　看到这里，也许你会
觉得天牛幼虫真是一些傻乎乎的家
伙！其实你错了，天牛幼虫虽然感觉迟钝，但是做事却很有预
见性，简直堪称"智者"呢！它对未来所做的神奇安排，你看
完介绍后一定会大大地惊叹！

　　在说天牛幼虫的预见能力前，先让我们初步了解一下天牛
成虫的生活。天牛幼虫在树干里生活了三年后，就会变成成虫，
离开温暖舒适的庇护所，钻出树干，到外面去闯荡一番。

　　天牛幼虫是在树干里完成蜕变的，那么，最后天牛成虫能
为自己挖掘一条逃生的通道，离开橡树这个家吗？天牛成虫看
起来倒真是一副威风凛凛的模样！为了检验它们的挖掘能力，
我做了两个实验。

　　第一个实验里，我把一段橡树干劈开，在里面挖了一些适

合天牛成虫的洞，然后在每个洞里放一只我10月份获得的刚刚完成变态的天牛。接着，再把两半树干用铁丝扎在一起，恢复了密封状态。6月份到了，我听到树干里传来敲打声，应该是天牛成虫急切希望离开树干吧。我起先觉得这应该是一件很容易的事，天牛成虫只需要钻一个2厘米长的通道，就能安全离开了。要知道当它在幼虫阶段时，挖掘的通道不知要比这长多少呢！

但是完全出乎预料，一只天牛成虫也没有钻出来。当我感觉树干里一片寂静时，便打开了树干。只见我放进去的天牛全都死了，它们在树干里的挖掘成果，只有一小撮烟灰那么点儿木屑。看来我高估了天牛成虫，它们根本不是优秀的挖木工。

接下来我做了一个对它们来说相对简单的实验。我把一些天牛成虫放进和它们平日挖掘的通道粗细相似的芦竹茎中，并

用一个只有三四毫米厚、不太坚硬的隔层挡住了出口。结果，有一些勇敢的家伙从芦竹茎里钻了出来，但也有一些照旧被困死在芦竹茎里。

如此看来，天牛成虫虽然拥有强壮的外表，却没有与之相对应的挖掘能力，它要从树干里成功脱身，肯定在幼虫阶段就做好了充分的准备。事实证明果然如此——天牛幼虫在即将化蛹前，会冒着被啄木鸟发现的危险，离开深深的庇护所，一个劲儿地往树的表层挖，一直挖到只剩薄薄一层树皮了，才结束工作。也有个别冒失鬼还会挖穿树皮，直接把出口暴露了出来。

挖好出口的天牛幼虫，在离出口不远的地方开凿一间蛹室，然后就头朝出口，安心地进入了蛹期。别小看了"头朝出口"这个举动，要知道幼虫身体柔软，可以在蛹室里自由活动，但是当蛹化为成虫以后，它浑身就穿上了坚硬的盔甲，在这么狭小的空间里转身几乎是不可能的。

为了将来，天牛幼虫真是想到了每一个细节啊！当它变成成虫以后，只要轻松顺着通道爬到出口处，用坚硬的脑袋一顶，或者用脚一推，用嘴一咬，薄薄的树皮就会破裂，它就能安全出去了。看似笨拙的天牛幼虫，却如此有先见之明，是不是该为它拍手叫好啊？

巧手裁缝切叶蜂

喜欢在花园里散步的人，也许会发现，在丁香树叶和玫瑰树叶上，常有一些奇怪的剪切痕迹。这些切痕有的是圆形，有的是椭圆形，看起来十分精巧。这是谁在剪切叶子呢？原来是切叶蜂。切叶蜂身体呈淡灰色，前端有一对剪刀般的大颚。当它看中某张叶片时，就举起"大剪刀"，身体像个圆规似的转一圈，于是一张形状满意的叶片就裁剪下来了。

切叶蜂为什么要剪树叶呢？原来是为了给自己的宝宝做蜂房。当它找到合适的叶片后，就按照筑巢的需要，把叶片一块块剪下来，大号的椭圆形的用来做底部和墙壁，小号的圆形的用来加厚底部或者做盖子。树叶蜂房完成后，切叶蜂就在里面存放足够的蜜汁，最后把卵产在里面。

这种树叶蜂房单个看起来不是很稳固，不过别担心，切叶蜂知道该怎么解决。它把这些蜂房墙贴墙黏合成一排，有的多几间，有的少几间，不过一排一般不超过 12 间。在制作树叶蜂房之前，切叶蜂会先找一个固定的居所来安放蜂房，比如条蜂放弃的蜂窝、蚯蚓钻出的地洞，或者是墙上的一道缝隙等。

在我的资料里，有许多关于白带切叶蜂的记录，所以我们就来专门看看这种切叶蜂。白带切叶蜂通常住在黏土质的斜坡上，蚯蚓钻出来的狭长地道是它最喜欢的居所。不过，切叶蜂不会深入到地道的最下面，它只使用上面那一截，一般不超过 20 厘米深。

切叶蜂在做第一个树叶蜂房前，为了安全起见，它会先用碎叶子堆在地下通道的底部，防止有敌人从下面侵入自己家里。这道屏障虽然简单，但是十分实用，切叶蜂选择的材料都是那种脉序粗大、毛茸茸的叶子，比如圣栎的叶子、英国山楂树叶等。

底部的防御工事完成后，切叶蜂开始制作一间间的蜂房。和之前选择叶片不同，做蜂房时它会选择表面光滑的叶片，比如野玫瑰花树和普通槐树的叶子。每间蜂房的叶片用量各不相同，一般用来做蜂房的椭圆形叶子有8~10 片，大号的用来做外壁，几

乎每张都可以裹住整间蜂房的三分之一。这些叶片互相交叉重叠，最下端弯折过来的部分就形成了蜂房的底部。而较小的叶片就用来装饰内壁或者填补大叶片间留下的缝隙，比如底部弯曲的叶片间肯定有空隙，切叶蜂就放上几片小叶子来保证自己的蜂房滴水不漏。切叶蜂这位巧手裁缝把树叶剪得有大有小，还有一个好处，就是蜂房的外面几层比较高，里面几层比较低，这样一来当圆形的叶盖放上去时，既能保证和外层叶片密合，又能被内层的叶片

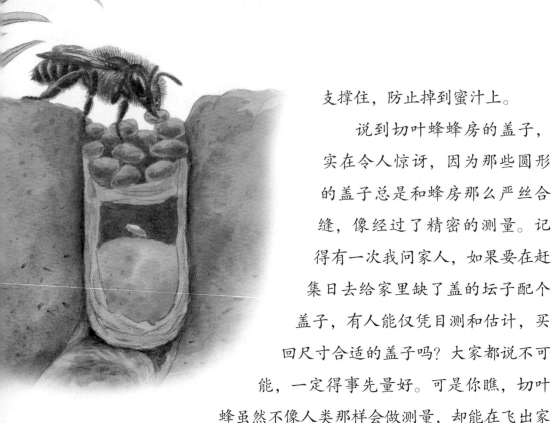

支撑住，防止掉到蜜汁上。

　　说到切叶蜂蜂房的盖子，实在令人惊讶，因为那些圆形的盖子总是和蜂房那么严丝合缝，像经过了精密的测量。记得有一次我问家人，如果要在赶集日去给家里缺了盖的坛子配个盖子，有人能仅凭目测和估计，买回尺寸合适的盖子吗？大家都说不可能，一定得事先量好。可是你瞧，切叶蜂虽然不像人类那样会做测量，却能在飞出家门后，凭着天生的感觉剪切出和蜂房大小完全吻合的叶盖。在这项"家务劳动"中，不得不说切叶蜂比我们人类技高一筹啊！

　　也许有人不服气：说不定切叶蜂是切好了一片略大的树叶，带回家以后，再根据蜂房大小一点点精加工的呢？

　　对于这个质疑，我不敢苟同，不信的话就一起来看看切叶蜂做盖子的过程吧。切叶蜂剪切叶片时，是停在叶片的正面（大家都知道，植物叶子的正面一般光滑细腻，颜色鲜艳，而背面则颜色略淡，叶脉突出），切下叶片后，它就抱着这片叶子飞回家。所以说，当切叶蜂起飞时，叶子的正面是对着它身体的，在飞行途中它不可能翻转叶片。而在我看到的所有蜂房盖子中，叶片都是正面向上，背面向下的。这说明切叶蜂飞回来以后，直接把叶片盖在了蜂房上。

如果切叶蜂回来后还要对叶片进行二次加工，它势必要先把叶子放下来，然后剪切，切好后再抱起，在这样一次次的动作中，难免会有叶片翻转过来，所以盖上去以后不可能都像现在这样，全部都正面朝上。至于切叶蜂为什么具备这种神奇的精算能力，还是留给科学家们去研究吧。

我曾经拆过两间切叶蜂的蜂房，共发现83张叶片，而那个地下居所里有17间蜂房，合计就有700多张叶片，但这还不是全部，加上切叶蜂在蜂房周围筑壁垒用的叶子，叶片总数超过了1000张。要剪切这么多叶子，作为独居客的切叶蜂，要付出不少辛劳啊！真该给这勤劳的小家伙最高的赞美。

最后，我们再来看看每种切叶蜂在加工蜂房时，对叶片材料的选择有没有什么特殊的讲究吧。它是只采用一种材料呢，还是各种叶片都会选择？之前说过，我打开过一些蜂房，在清点蜂房的叶片时，我发现切叶蜂对筑巢用的叶片是有偏爱的，但同时它们在叶片选用上的多样性，也出乎我的意料。比如，柔丝切叶蜂会采集铜钱树、英国山楂树、葡萄藤、野玫瑰树等的叶片，但是前三种是主要材料；兔脚切叶蜂最喜欢采集丁香树叶、玫瑰树叶，偶尔采集刺槐树叶、樱桃树叶等；银色切叶蜂也钟爱丁香树叶、玫瑰树叶，不过对石榴树叶、葡萄藤叶等也不排斥；白带切叶蜂偏爱普通刺槐，同时大量使用葡萄藤叶、玫瑰

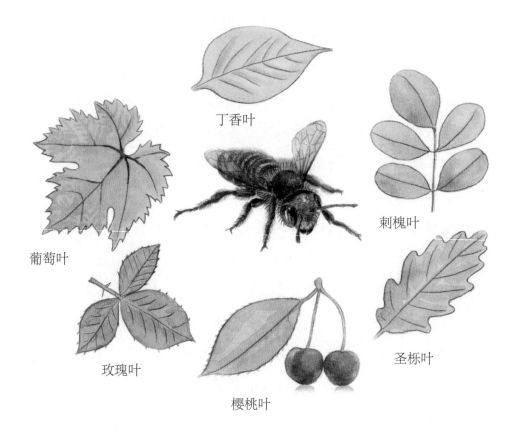

丁香叶

刺槐叶

葡萄叶

玫瑰叶

樱桃叶

圣栎叶

树叶和山楂树叶……

　　我的这份清单实在不全面，但是已经能说明切叶蜂选择材料的多样性。这其中的原因很容易想清楚，因为切叶蜂在采集叶片时，首先要考虑的是离家近，对于要采集那么多叶片的切叶蜂来说，离家近太重要了，不然怎么能完成任务呢？另外它要考虑的就是叶片的质地，比如柔软度、细腻度等，如果附近实在没有第一选择，它们也会坦然接受第二甚至第三选择，毕竟及时地将蜂房造好并产卵，才是切叶蜂最重要的任务！它可不会因小失大哦！

会移动的柴屋

当温暖的春天来临时，在破旧的城墙边，或者尘土飞扬的小道旁，如果你仔细看，会有一些奇怪的发现：许多小小的柴屋，没有风吹，却无缘无故地移动起来。这是怎么回事？让我们来仔细瞧瞧，谜底马上就会揭晓。原来，在移动的小柴屋里，住着一条小小的但很粗壮的幼虫。幼虫的身体黑白相间，非常漂亮，看它急急忙忙的样子，不知是在寻找食物，还是想找个安全的地方，来完成身体的发育。

背着这座奇怪柴屋行动的小家伙，是蓑蛾的幼虫。它赶路时把脑袋和半个身体从柴屋里伸出来，一有情况就赶紧缩进去，一动不动。蓑蛾的幼虫皮肤娇嫩，十分怕冷，所以在变成蝴蝶状的蛾子以前，它绝对不会离开柴屋半步。

虽说柴屋对蓑蛾的幼虫很重要，但是它的制作工艺却相当粗糙，只要是那种干燥轻巧、大小合适的柴条，幼虫一律来者不拒，

连起码的裁切也不做，直接使用。蓑蛾幼虫把柴条的前端固定住，然后把小柴条一根接一根排好，过程就像我们给屋顶盖瓦片。

为了方便蓑蛾幼虫行进，不妨碍爪子的活动，柴屋的前部需要一个能够向四面八方弯曲的圆筒。圆筒是瓶颈状的，呈丝质网状结构，上面布满的极其细小的木块让它变得坚固而又不影响其韧性。柴屋内部其实是一个空心圆柱，由一种很牢固的丝质组织构成，它结实得用手指都拉不断。

蓑蛾的柴屋总体呈纺锤形，长约4厘米。我拆开一些后发现，每座柴屋所用的柴条数目不尽相同，最多的超过80根，对于小小的蓑蛾幼虫来说，也算一项不小的工程了！

在我居住的地区，到了冬末，漫山遍野都能看到一种小蓑蛾，它们有的挂在墙上，有的躲在枯树皮里……4月时，我收集了许多这种蓑蛾，把它们放在钟形网罩下，准备好好认识一下这些虽然常见，但我却对它们一无所知的小家伙。我甚至不知道它们吃什么，幸好现在还不用操心这个问题，处在蛹期的小蓑蛾不需要进食。

到了6月底，雄性小蓑蛾羽化了，它们从柴屋的后部钻了出来。据我了解，各种蓑蛾都是从这个位置出屋的。因为蓑蛾幼虫发育到蛹期时，会把前部的出口封闭起来，使柴屋牢牢地固定在悬挂点上。

雄性小蓑蛾穿着简朴，衣服是灰白色的，翅膀很小，还没有普通的苍蝇大，但是它们姿态优雅。它们的黑色触角上面装饰着漂亮的羽毛，翅膀边缘有流苏状的穗子。初见天日的它们在柴屋顶上先停留一会儿，等身体上的湿气蒸发掉以后，翅膀硬了，雄蛾就开始在住所周围上下翻飞，翩翩起舞。

这些雄蛾想做什么？原来，雄蛾的寿命只有几天，它们急着给自己找新娘，赶紧完成结婚生子的大事呢！只见它们从一座柴屋飞到另一座柴屋，想寻找满意的约会对象。如果哪里感觉不错，它们就抖抖翅膀停下来，通过柴屋后面小小的探视孔，和屋子里从未谋面的新娘举行异常简单的婚礼。

其实，雌性小蓑蛾虽然足不出户，但它们一样非常急迫想完成自己的终身大事。它们很清楚雄性小蓑蛾三四天后就会死去，如果某只雌蛾没有雄蛾前来求婚，它也会采取主动，到小孔前迎接雄蛾的到来。如果不见雄蛾前来，它就伏在小窗口一动不动，直到实在不耐烦了，才慢慢回到屋子里。接下来第二天、第三天……雌蛾天天这么做，直到成为可怜的被遗忘者，终老在自己的屋子里。

我想，也许是我的钟形网罩害一些雌蛾未能完成婚配，如果在自然环境中，它们肯定能遇到中意的雄蛾。

我把几个举办过婚礼的"小柴屋"放进玻璃管里，想看看神秘的新娘到底长什么样。过了几天，新娘出来了，哦，它的模样太丑了，简直就是丑八怪，比刚出生的幼虫样子更难看！首先，它们和会飞的雄性小蓑蛾不同，没有翅膀，也没有丝一般的毛，整个儿看起来就像皱巴巴的软口袋，或者说像一截土黄色的小香肠。

雌性小蓑蛾毛茸茸的身体中间，有一根长长的产卵管，基底部分比较硬，另一头比较软，能够像刀收回刀鞘那样，缩回坚硬的部分。成婚后，雌蛾把产卵管插进柴屋后面的小窗，很长时间一动不动，那是它在产卵。它要把自己的屋子留给孩子们。大约三十多个小时后，产卵完毕，雌蛾用尾部的少量碎毛，把窗口封闭起来，防止坏蛋进去伤害自己的孩子。

雌蛾母亲虽然很丑，但它对孩子做这一切时，却非常温柔。它在几乎一无所有的情况下，用仅有的衣料为孩子们建起了一道屏障。在做完这些后，它把自己固定在门口，用身体形成了一道更牢固的防护墙，至死不休，直到一阵大风袭来，才把它吹离守护的地方。

我们打开一间柴屋，看看里面的情形吧：母亲的蛹壳里，挤挤挨挨装满了卵，大约有六七十个。我把装满卵的蛹壳从柴屋里拿出来，放在玻璃管里，没多久，大约是7月上旬，我就有了一个小蓑蛾大家庭！

这些小蓑蛾幼虫根本不关心吃什么，它们第一时间奔向我放在一旁的柴捆，开始制作属于自己的新柴屋，看它们那劲头十足的模样，我不得不感叹：新一轮生命，又开始了属于它们自己的生活。

大孔雀蛾的黑夜约会

大孔雀蛾是欧洲最大的一种飞蛾。它外表美丽，身披栗色天鹅绒外衣，翅膀上缀满灰色和褐色的斑点，中间有个圆圆的花纹，如同一只黑亮的大眼睛。

每年的5月前后，是大孔雀蛾化茧成蛾的日子。这天，我恰巧得到了一只刚从茧里出来的雌性大孔雀蛾，便把它关进钟形网罩，准备接下来仔细观察。晚上9点，全家人都睡下了，突然，从隔壁房间里传来一阵乱响，还夹杂着保尔的大叫："哎呀，飞蛾，好多飞蛾啊！"我急忙跑过去，只见保尔又跳又叫，在他房间里飞来飞去的，正是许多雄性大孔雀蛾。

我拉着保尔，让他和我一起到钟形网罩那里看看，是不是也有稀罕事发生。路过厨房时，只见保姆也被惊醒了，正用大围裙驱赶那些飞蛾。她一开始还以为是蝙蝠呢！当我们拿着蜡烛走进关雌性大孔雀蛾的房间时，惊讶极了，只见许多雄性大孔雀蛾围着钟形网罩上下飞舞，有时停在上面，有时又冲到天花板上，翅膀不时扑打着我的脸和肩膀……

　　原来，是我囚禁的这只雌性大孔雀蛾，在漆黑的夜晚，招来了众多雄性同类。保尔有些害怕，紧紧拉着我的手。我数了数，这个房间里大约有20只，加上厨房里的和陆续飞来的，今晚我家一共聚集了大约40只大孔雀蛾。它们都是冲着钟形网罩里那只正处妙龄的雌性大孔雀蛾来的。

　　弄清楚原因后，我转身离开，不再打扰这些大孔雀蛾。从明天开始，我要请它们用实际行动，来解开我心中的疑团。

　　通过几次实验，我发现每晚的8点到10点，是雌性大孔雀蛾和雄性的约会时间。雄性穿越树木、花园、房间里的各种障碍，大老远地来到钟形网罩边。它们一路上很不容易，即使是暗夜精灵猫头鹰，在黑漆漆的夜晚恐怕也有几分顾忌吧！由此可见，大孔雀蛾身上的"夜行设备"，比大眼夜鸟猫头鹰还要精良！

　　雄性大孔雀蛾是怎么知道我这里有一只雌性大孔雀蛾的呢？我对这个关键问题非常好奇。

　　大多数人猜测它们是靠头上的触角。的确，雄性大孔雀蛾头上有宽宽的触角，就像探测器一样。真的是通过触角感受到

了雌性大孔雀蛾的存在吗？第二天晚上，我捕获了8只夜晚来客，并用小剪刀剪去了它们的触角。在整个操作过程中，我可以保证绝对没有碰到它们身体的其他地方，所以这些被实施了手术的小家伙看起来十分平静。

接着，我把雌蛾换了个地方，放到了离工作室50米左右的室外。夜晚来临了，我把做过手术的8只大孔雀蛾放掉，其中有2只还没飞出窗户，就直接衰弱地掉在了地板上。其余6只顺利飞走了，它们能找到钟形网罩吗？

到了10点半，周围渐渐安静下来，我在钟形网罩周围收集到了25只雄性大孔雀蛾，其中只有1只是没有触角的。这个实验结果无法得出任何结论，要想确认触角到底有没有引导作用，我还得扩大实验规模。这一次，接受手术的大孔雀蛾有24只，其中有8只像上次那2只一样，很快衰弱而死了（这种迅速地衰老死亡是正常现象，即使没有做手术也会发生），其余16只能找到我再次换了位置的钟形网罩吗？

这天晚上，我在钟形网罩边抓到7只大孔雀蛾，它们都是长着触角的，我放飞的那16只一只也没到达这里。由此可见，没有触角对大孔雀蛾来说影响非常大。

那么，有没有可能是我的手术让那些大孔雀蛾感到丢脸，所以才不愿前来约会呢？我要换种方式来证实一下。第四天，我准备了14只大孔雀蛾，趁它们沉睡时，将它们前胸的毛拔掉了一些。我的动作非常轻，所以它们几乎没有感觉到什么。如此一来，它们保持了身体的完好，而我又可以通过胸毛来辨认它们。夜晚的实验结束时，被拔过胸毛的14只大孔雀蛾只回来了2只，其他12只不知去向。这些大孔雀蛾触角完好，怎么同样没有回来呢？

对此，我认为只有一个原因，那就是我事先准备的大孔雀蛾在白天的囚禁中，失去了再次寻爱的力气。在自然环境中，当雄性克服困难来到雌性身边时，必定会一次性完成婚配，否则短命的它们就再也没有精力和机会了。

我的实验连续进行了8个晚上，共飞来约150只雄性大孔雀蛾，这是个很令人吃惊的数字。要知道在我家附近，已经很少有适合大孔雀蛾安家的老杏树了。这150只大孔雀蛾，多数应该来自遥远的地方，至少2公里以外。这么远的距离，雄性大孔雀蛾是如何感知到雌性发出的信息的呢？

如果说它们是看到了雌性，那太令人难以置信了，除非雄性大孔雀蛾有神一般的视力和穿透房屋墙壁的超级视觉。想想都不可能。那么是不是听到了雌性发出的声音？我认为也不太可能，就算雌性大孔雀蛾能够发出一些声音，那也太微弱了，即使人类最灵敏的耳朵也感觉不到，再说隔着那么远的距离，其间还有那么多各种各样的声音，所以雄性闻声而来的可能性也几乎没有。

剩下的就是气味了。昆虫的嗅觉比人类敏锐得多，也许它们能嗅到什么？我还是要通过实验，才能做出判断——我要掩盖雌性大孔雀蛾的味道。我在钟形网罩的周围，放了许多樟脑丸，那刺鼻的气味强烈极了。可是，我的实验失败了，晚上，雄性大孔雀蛾依然来到了房间里，就像没有樟脑丸一样。看来"气味说"也站不住脚。

到这个时候，我的实验对象都奄奄一息了。没了实验对象，我只能暂时停止，等待来年。可是第二年5月，我花高价从邻居孩子那里买来的大孔雀蛾幼虫，却抵不过温度骤降的恶劣天气，死了。直到第三年的5月，实验终于可以继续了。和过去一样，无论我怎么给雌性换位置，雄性大孔雀蛾总能找到地方，而且直奔目标，绝对没有事先到昨晚去过的地方探查一番——可见它们不是凭记忆，而是获得了准确的信息。

物理学的发展，让我们知道有电磁波的存在。那么大孔雀蛾是不是也制造了一种未知的电磁波呢？为了验证这一点，我准备了几种不同材质的盒子，铁的、木头的、纸板的、玻璃的，把雌性大孔雀蛾放在里面，然后密封起来。结果，不管晚上的天气多么晴好，都没有一只雄性找来，甚至后来我仅用两指厚的棉花堵住广口瓶瓶口，都能达到同样的效果。

可见，也不存在什么神秘的电磁波，不然我那些不同材质的盒子，总有传导性更强一些的。这时，我的大孔雀蛾资源枯竭了。虽然问题还没弄明白，但我只能无奈地暂停实验啦。幸好飞蛾的种类还有很多，我先继续研究其他的吧。

循规蹈矩的松毛虫大军

在我的园子里，有几棵高大的松树，这些松树曾经遭到松毛虫大肆啃咬，看起来像被火烧过了似的。为了保护这几棵松树，我只好每年冬天进行严密检查，彻底清除一个个松毛虫的窝。

不过，为了研究松毛虫的习性，我现在破例允许一些松毛虫暂居在这几棵松树上，好让我不用出远门，就能把它们的一切了解得清清楚楚。

松毛虫产卵是在8月，这时你仔细看，就会发现一对对的松针，被一个笔套似的圆筒给套住了。这些小圆筒长约3毫米，外面是一层排列整齐的丝绒般柔软光滑的鳞片。如果你从下往上摩擦，鳞片会竖起来，如果再从上往下摩擦，它们就会恢复原状。

这些鳞片下面，就是松毛虫的卵，一共有9列，每列35个，就像微型玉米棒那样，一个小圆筒上有300多个卵，数量惊人！

9月，松毛虫卵开始孵化，为了将新生儿看得更仔细，我折了几枝带虫卵的松枝，插在窗台上的水瓶里，这样松枝不会很快干枯。一天清晨，我轻轻掀起鳞片，发现下面出现了黑色的小脑袋，它们正在用力推开卵壳呢，那就是初生的松毛虫。

松毛虫幼虫的长度约1毫米，身子淡黄，长满了细细的纤毛。和身体相比，松毛虫的脑袋显得很大，脑袋上还有坚硬的大颚。幼虫一出生就开始吃东西，吃饱后偶尔还会三四条排成一队走一会儿，也许它们在为以后的行军提前操练吧。

幼虫很快就会给自己造一间简单的房子——在出生的那对松针上，吐丝织一个网。当中午太阳很厉害时，它们就躲在里面睡觉。因为丝网里包裹着一截松针，所以这里既可以提供住宿，还是天然的粮仓。当松毛虫幼虫把丝网里的那截松针吃得差不多后，松针断了，丝网房屋也随之报废，幼虫只能再去吐丝重新织一间。松毛虫这时就像游牧民那样，过着不断迁徙的生活。

几个星期后，幼虫发育长大了，开始第一次蜕皮。蜕皮后的松毛虫长出了浓密的纤毛，在阳光下闪烁着金色的亮光，看起来漂亮多了。

11月，天气越来越冷，松毛虫爬到高处，利用松针做屋架和房梁，再次用丝给自己结了一个能御寒的居所。它不停地加工完善，到了12月，这个屋子就有拳头大小了。我用剪刀剪开一个丝网房屋，想看看里面的具体情况。只见屋子里的松针完全没被碰过，和之前住在临时居所里，把松针吃得七零八落完全不一样。难道松毛虫知道这是自己过冬的地方，不可以随便破坏？是啊，屋子里的松针要是被咬断了，那么屋子可就保不住了，而松树上的松针应有尽有，松毛虫到哪里不能吃个饱呢？

那么松毛虫外出时，是怎么行动的呢？说来好玩，人们都说绵羊是很笨的动物，头羊走到哪儿，后面的羊就跟到哪儿。和绵羊相比，松毛虫就更加盲从啦！它们列队前进时，总是头尾相接，一条跟着一条，前面的怎么走后面的就怎么跟，即使领头的松毛虫走的并不是一条满意的道路。

每一条松毛虫前进时，都会开动纺丝器，不停地吐丝，粘在走过的路上。所以当一大队松毛虫走过后，你会发现它们经过的地方形成了一条窄窄的丝带，在阳光下看起来亮晶晶的。为什么松毛虫要留下丝带呢？原来，松毛虫夜里出来吃东西时，由于松树上的枝枝杈杈太多，简直就像个超级大迷宫，眼睛不好，嗅觉又迟钝的松毛虫留下这根丝带，就不怕走丢啦！它们想返回时，只要掉头沿着丝带往回走，就能各自到家。

不过，松毛虫行进队伍的首领是随机的，只要某一条正好在队伍最前面，它就是首领，当中如果出现了意外，发生了变化，那么新的首领就诞生了，每一条松毛虫天生都有当首领的能力。松毛虫队伍的首领有时会犯错，导致队伍找不到原来的丝带，这怎么办呢？没关系，松毛虫会先聚集在一起，蜷缩着休息一晚，等天亮了再继续寻找。只要多摸索一会儿，它们总归能重新走上正确的道路。

松毛虫的队列长短不一，不时会几支队伍合并成一支，或者一支队伍拆分成几支。我曾经见过最长的一队是12米，由近300条松毛虫组成，真是浩浩荡荡。

我想跟松毛虫开个玩笑：如果丝带是一个环形，松毛虫会沿着这个圈不停地走下去，还是会及时发现问题，走出我设置的陷阱？

正巧，我有一个种棕榈树的大花盆，有一天一队松毛虫向盆沿前进了，并且完成了一条环形的丝带跑道。这时我及时把队伍后面的松毛虫扫掉，并用刷子刷去了松毛虫从盆底往盆沿爬时留下的丝带。现在，就看那支在环形跑道上的队伍的表现了。

因为是环形跑道，所以这支队伍没有了所谓的首领，每一条都是和同伴首尾相接的。松毛虫十分循规蹈矩，它们走了一天，没有一个偏离环形跑道，但我还是对它们保持着信心：只要时间够长，它们中总有谁会觉察出问题，并回到正确的道路上吧？

我错了，当我第二天清晨再去看时，发现由于气温下降，有些松毛虫在跑道上挤成了两堆。这或许不是坏事，因为队形被破坏了，它们说不定倒有走出困境的可能呢！没想到我的期待落了空，白天来临，气温升高后，松毛虫先是组成两队，后来在不断的行进中最终合并成了一队。

第二个夜晚来临，松毛虫再次分成两堆休息。有一条爱冒险的小家伙出现了，跟着它的还有另外6条。它们来到花盆边缘，往花盆里面爬去，最后来到了花盆的泥土里。但它们在泥土里转了一圈后，没找到出路，又爬上花盆边缘再次加入了原先的队伍。

时间到了第五天，松毛虫还没有获得解脱。难道它们真要走到精疲力竭，或者腿部受伤，才会因意外而停止吗？这时，一个先行者出现了，它带领4条松毛虫离开了跑道，并向下爬到了花盆外壁的中间位置。但是爬着爬着，它们又开始往上爬，依然回到了队伍中。虽然这次无功而返，但它们为以后整个队伍脱离困境迈出了可喜的一步。

到了第八天，盆沿上的松毛虫一会儿分开，一会儿聚拢，并再次有成员沿着上次那5条松毛虫的路线往花盆下爬去。当夜晚来临前，它们总算离开花盆，回到了各自的家里。

虽然我知道，当昆虫遇到超出它常识的情况时，会变得又笨又可笑，但松毛虫的这种顽固，还是大大超乎了我的想象啊。

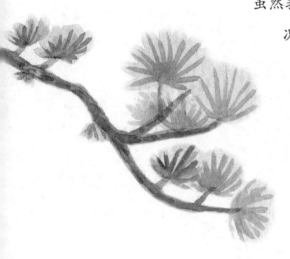

松毛虫带来的刺痛

　　松毛虫的一生会换三套衣服：带着薄薄的、蓬乱绒毛的是第一套，这是青年服装；各个体节都装饰得十分漂亮的是第二套，这是中年服装；而体节上出现狭长切口的就是最后一套，也就是老年服装。那个狭长切口像两片嘴唇，时而闭合，时而张开，不停地把附近的纤毛卷进去，弄碎后再吐出来。

　　这天，我找到一条穿着老年服装的松毛虫。为了弄清切口的功能，我整个上午都拿着放大镜，弯腰凑在松毛虫跟前，翻来覆去地观察。但是这之后不超过 24 小时，我的眼皮和前额开始发红、疼痛并伴随着奇痒。当我下楼吃午饭时，家里人看到我肿胀发红的眼睛和变形的脸，纷纷围上来，关切地询问我到底发生了什么。这时我有点明白谁是罪魁祸首了——当我摆弄松毛虫时，一些黄色纤毛碰到了我的脸，很痒，于是我就用手抹了抹脸。谁知这么一来坏事了，不但没有止痒，反而使得情况更严重了，眼皮和脑

门发红，又痛又痒，最终我变成了这副可怜相。

虽然吃了松毛虫纤毛的苦头，我反而更想弄清楚它们的情况了。我用镊子在松毛虫的切口处收集了一些碎纤毛，放在手臂上摩擦，果然，皮肤很快变红了，疼痛感再次出现，幸好情况不太严重，到第二天就基本消失了。

3月中旬，当松毛虫转移到地下生活时，我为了继续研究，就打开几个虫窝，拿起了几个松毛虫吐丝做成的房子，把它们撕开，检查里面的情况。结果这次我又吃了十足的大亏，检查刚结束，我的指尖就开始疼痛，尤其是指甲周围，就像伤口化脓似的，非常难受。

疼痛持续了整个晚上，我坐立不安，根本没法睡觉，直到第二天才渐渐好转。这次意外是怎么造成的？我没碰过松毛虫或者是它们蜕的皮啊？看来，是我摆弄的那几个丝做的房子造成的。原来，松毛虫在房子里时，会不时走来走去，再加上它背部的切口还在不停地吞吐纤毛，所以丝网中肯定混进了不少细碎的纤毛。由此可见，纤毛即使脱落了，上面的毒素还会一直存在。

为了搞清楚纤毛的毒性问题，我用放大镜仔细观察，发现纤毛的前端，都有坚硬的带倒钩的"小棍子"，它是实心的，所以不可能对皮肤实施"毒液注射"；观察受伤的皮肤，也看不出纤毛如针一般刺进皮肤的痕迹。再说如果是纤毛刺入皮肤造成了肿痛和瘙痒，那么所有毛虫的纤毛都应该有这种能力，问题是有些毛虫，随便你拿在手里怎么把玩都没事。可见，松毛虫的毒素是沾在纤毛表面的，通过简单的摩擦，毒素就能引起皮肤的不适。

为了寻找纤毛上的毒素，我准备进行提取实验。我收集了松毛虫换下来的服装，把它们在乙醚溶液里浸泡了24小时。之后我把浸泡过的松毛虫服装用乙醚反复清洗后晾干，让它们恢复成浸泡前的模样。接着，我再把浸泡后的溶液过滤、蒸发，直到浓缩成几滴。

在皮肤上的实验开始了，我先用被浸泡、清洗、晾干后的毛虫皮摩擦皮肤，毛虫皮上的纤毛依然浓密干燥，和原来没什么两样，但现在它们却不会引起任何不适。

用浓缩溶液进行实验的结果就正好相反了。我用吸水纸沾上溶液，贴在自己的前臂内侧，然后用胶布固定住。接下来的十多

个小时内，没有发生任何情况，但是之后皮肤开始发痒，并逐渐加重，同时产生了灼烧般的感觉。我实在太痛苦了，夜里根本无法入睡，但依然拼命忍着，直到 24 小时之后，才把沾了溶液的纸拿掉。只见覆盖溶液纸的地方，皮肤变得红肿粗糙，十分疼痛，而且出现了小脓包，还流出了脓液。

这种情况持续了两天多，然后症状渐渐消失，表皮变干形成了皮屑，最后留下一个红色的疤痕。回想起来，那小小的几滴溶液中，包含了许多条松毛虫的毒素，能不厉害吗？我完全是在毫无预见的情况下，才敢这么大胆地在自己皮肤上做实验啊！

但是，大家有没有想到一个问题呢？既然浸泡出的毒液这

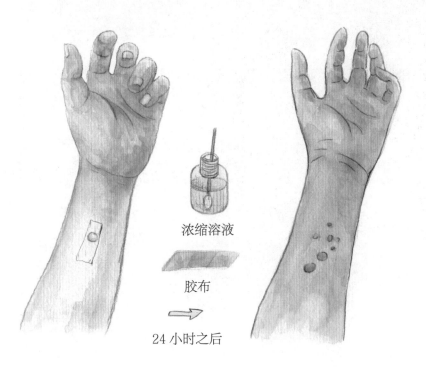

浓缩溶液

胶布

24 小时之后

沾浓缩溶液　　　　　　　　　皮肤红肿并起小脓包

么厉害，为什么它在十多个小时以后才开始发威呢？而我平日碰到纤毛后，虽然痛痒程度较轻，但很快就会有反应。其实道理很简单，有倒钩的细碎纤毛很容易随着空气的震动飘散在空气里，它的作用有两个，第一个就是把毒素黏附到我们身体上，并用倒钩牢牢固定住；第二个就是帮助擦伤皮肤的表皮，这样毒素就能快速起效。

知道了松毛虫毒素伤害皮肤的原因，我还希望能够找到解决这种危害的方法。当我因研究松毛虫而双手疼痛时，曾试着用酒精、甘油、肥皂水洗手，但这些东西都不能减轻症状。这时，我突然想起大师雷沃米尔曾经说过，如果被橡树毛虫伤害了，可以用欧芹来擦拭，他还说也许所有的叶子都能缓解疼痛瘙痒。

现在，我要按照大师的指点，深入探究这个问题了。我先弄来一些欧芹，然后又找了一些肉质很厚、叶片中汁液丰富的马齿苋，分别用它们擦拭我左右两只胳膊。用欧芹擦过的胳膊上，灼痛感有所减轻，但还是很难受；而用马齿苋擦拭的那只胳膊呢，灼痛感完全消失了，我这个江湖医生发现了神奇的马齿苋疗法！以后护林人如果再被松毛虫伤害，千万记得用马齿苋来解决痛苦啊！后来，我又用番茄叶和生菜叶做了实验，效果也不错，我基本同意雷沃米尔的话：受到毛虫伤害后，一切细嫩多汁的叶子都能带来不同程度的疗效。

研究松毛虫让我吃了不少苦头，但是我也由此得到了补偿，那就是真理。对我来说，这就是最好的疗伤药膏！

钟爱蚜虫的食客

  蚜虫在自然界中十分常见，它虽然体积不大，但是繁殖速度快，整个家族数量十分庞大，而且蚜虫长得又肥又嫩，它的肚子里有甜甜的汁液蜜露，因此成为许多昆虫钟爱的美食。

  很多孩子小时候都听过这样的故事：蚂蚁们把蚜虫当成"奶牛"，当它们想吃甜汁蜜露时，就到植株上去找蚜虫。这些蚜虫不时分泌甜汁蜜露，树枝、树叶上到处都是，蚂蚁们轻轻松松就能享用。有些蚂蚁甚至还会把蚜虫圈养在自己的土房子里，想吃甜汁蜜露时，就去挠挠蚜虫，刺激蚜虫分泌出甜汁蜜露。

  除了蚂蚁，还有很多食客都很钟爱蚜虫。我家附近的笃耨香树，是蚜虫特别喜欢安家的地方。如果你仔细看，会发现上面有许多球瘿，在这些球瘿里，住满了蚜虫。8月底，早熟的球瘿开始爆裂了，只见一个球瘿上，裂开三条放射状的缝隙，还流出眼泪般的树脂黏液。一只长好翅膀的蚜虫慢慢走到缝隙处，准备起飞，到别的地方去生活。而在球瘿里面，挤挤挨挨的蚜虫都在为离开做着准备！

就在这时，一只黑色的短柄泥蜂飞来了，它钻进球瘿里，很快抓到一只猎物，匆匆飞走了。短柄泥蜂是在储存食物呢！不久，短柄泥蜂又回来了，抓住第二只蚜虫，再次离去……就这样，短柄泥蜂一趟趟地来回，很多蚜虫还没反应过来是怎么回事，就被放进了短柄泥蜂的食物储藏室；只有一小部分蚜虫在短柄泥蜂离开那会儿，趁机逃跑了。

我想，短柄泥蜂一定有一种神奇的能力，能够知道装满蚜虫的球瘿何时破裂，因此一刻也没耽搁地赶来了，如果再稍微晚一点点，蚜虫们可就全都撤离啦！

遇到像短柄泥蜂这样的食客，还有部分蚜虫能够幸存；如

果遇到的是某些昆虫的幼虫，那蚜虫们一个也别想溜掉。这是为什么呢？

原来，幼虫享用蚜虫的方法和成虫不一样，它在球瘿还没开裂时就来了，然后咔嚓咔嚓，大约花半个小时，把球瘿咬开一个小洞，整个儿钻了进去。幼虫转身在洞口织一张丝帘，然后球瘿的破口处溢出的树脂黏液就把洞给堵上了。

接下来，幼虫在球瘿里对蚜虫大开杀戒，吸干一只再来一只。因为食物太丰盛了，幼虫一边痛快地大吃大喝，一边还大肆浪费。如果它是个精打细算的家伙，那么一个球瘿里的蚜虫足够把幼虫供养大，但由于幼虫任意挥霍，一个球瘿就不够了。不过有什么关系呢？反正球瘿多的是，再去咬开一个就是了。

不过，即使不会打洞的幼虫，也照样有办法吃到蚜虫。拿

食蚜蝇来说，它会找一些没有坚硬外壳，而是由复叶合拢成的瘿，在叶子间的接口处产下一个卵（为了保证孩子出生后食物充足，在一个瘿上食蚜蝇只产一个卵）。当瘿里面的蚜虫慢慢长大，越来越挤时，瘿就被撑得微微裂开了。孵化完成早就等在外面的食蚜蝇幼虫，立刻拱了进去。不愁吃喝的食蚜蝇幼虫舒舒服服地待在里面，当它变成一只小食蚜蝇时，瘿也成熟得要裂开了，于是它轻轻松松飞了出来。

在另一种植物金雀花树枝上，经常密密麻麻爬满了一种黑色蚜虫。如果你留意观察，会发现一只夹杂着黑白红三色的蠕虫，来到了蚜虫堆里。它把脑袋扎进去，大吃特吃，反正嘴边到处是食物，根本用不着多想。吸干一只蚜虫，它就脑袋一甩，把干瘪的空皮丢到一边。

蚜虫们对这种杀戮毫无反应，没有一只想到要逃走。不知是不是被吓傻了？

只需一晚上，这只蠕虫就能吃掉大约 300 只蚜虫，使 16 厘米长的一段树枝不再遭受蚜虫之苦。而在两三个星期的蠕虫生长期内，它一共能吃掉几千只蚜虫，是不是非常厉害？

另一种捕食蚜虫的昆虫草蛉，是一种非常威猛的昆虫，居然有个奇特的爱好——把吸干的蚜虫披在自己背上，一只又一只，像是在展示自己的战果；模样文雅的七星瓢虫，对蚜虫却毫不留情，只要它看到了蚜虫，一定不会放过它；而蚜茧蜂，则是用另一种看似温柔的方式享用蚜虫——它把产卵器插进蚜虫身体内，产下自己的卵，但又不会使蚜虫死去，当蚜茧蜂的幼虫出生后，就从里面把蚜虫吃掉⋯⋯

　　食物链本来就是一环扣一环的。植物从阳光、土壤中吸收养分，而蚜虫用植物养肥自己，再被其他食客吃掉；至于其他食客，还有更高一级的捕食者在等着它们，这——就是大自然的规律啊！

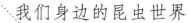

春天里会飞的"花朵"

金杏宝

A **寻觅与欣赏**

　　春天的乡村、郊野和城市公园里，可见到成片的油菜田。呈十字形的黄色菜花，散发出诱人的清香。只要天气晴朗，阳光普照，就会有众多的蝴蝶前来觅食，最常见的要数白色或浅黄色的菜粉蝶了。它们前翅的翅角和前缘略带暗灰色，左右各带两个暗灰色的小圆点，在黄色的花海中翩翩起舞，就像大海中颠簸的小白帆。如果你细心观察，还会发现黄色的宽边黄粉蝶和带黑斑的斑缘豆粉蝶呢。

　　在我们居住的小区里，如果有樟树、柑橘等种类的植物，我们也会遇到体形更大些的凤蝶，如前后翅有蓝黑色条纹的樟青凤蝶，镶嵌有黄黑斑纹的柑橘凤蝶。在植物种类更丰富的郊野公园、植物园等地，你会发现更多美丽的会飞的"花朵"，如玉带凤蝶、丝带凤蝶等。

　　也许你还不曾料想到，春天里还能欣赏到美妙的小黄蛉乐队的齐奏。

选一个阳光明媚的春日午后，觅一处远离喧嚣，有芦苇、香蒲或其他水生植物生长的地点，静静地聆听：从芦苇枯萎的茎秆丛中发出"滴滴滴滴"不休的小黄蛉鸣声。没有收割掉的水生植物，为小黄蛉们提供了舒适的越冬场所，现在，它们正在和小伙伴们一起晒着太阳，唱着歌曲呢。

ß 观察与发现

春末夏初的池塘，那就更热闹了。那里有能在水面快速行走的水黾、游泳健将仰泳蝽、在水中翻腾的龙虱，还有许多蜻蜓和豆娘的稚虫。这时，要区分蜻蜓和豆娘是比较困难的，但等到它们成虫后，就不难区分了。

蜻蜓和豆娘有哪些不同呢？

1. 体形不同：蜻蜓体大粗壮，豆娘体小纤细。

2. 翅形不同：停歇时，蜻蜓四翅平展，豆娘四翅斜向竖立于体背。

3. 捕食方式不同：蜻蜓在飞行时主动出击捕食猎物，豆娘则静候猎物的到来。

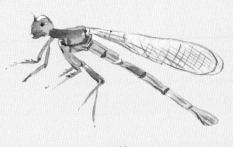

豆娘

蜻蜓

在池塘边，我们可观察到漂浮在水面上的水黾，这些灰色低调的家伙可是水面的保洁员哦。一旦有猎物不慎落水，它们挣扎时产生的涟漪能吸引水黾从远处迅捷地赶到，抢吃新鲜的美食。水黾有细长的身体、细长的足，能在水面上疾走如飞。水黾为什么能在水面上行走而不下沉呢？让我们来做一做小实验。

用水网捕捉一些水黾，放进水盆里，仔细观察它们是如何在水面上行走的。水黾的两个前足弯曲在头部，用来抱住猎物进食，中足与后足在水面滑行。

用放大镜观察其中一个中足的顶端，可看到上面长有浓密而细小的绒毛，如毛刷一般。先用滴管将一滴小水珠滴在绒毛上，水珠马上会被弹开。如果用毛笔蘸上肥皂水给水黾洗脚，再滴上水珠，绒毛就会因吸水而粘连在一起。再把它们放入水中，它们就会很快沉入水中。

可以在水里注入少许洗洁精，观察水黾是否还能够在水面滑行。还可以尝试使用其他不同的液体来做实验，如洗发水、食用油、牛奶、果汁等。这些液体破坏了水面张力，就如同给水黾洗脚。如果池塘的水中有了这些液体，水黾就无法生存了。

参考文献：

1. 赵梅君，李利珍. 多彩的昆虫世界. 上海：上海科学普及出版社，2005.

2. [日] 有泽重雄，[日] 月代佳代美，蔡山帝等译. 实用趣味实验图鉴. 南宁：接力出版社，2003.